国家级一流本科专业建设点配套教材·产品设计专业系列   丛书主编｜薛文凯
高等院校艺术与设计类专业"互联网+"创新规划教材   丛书副主编｜曹伟智

产 品 设 计

曹伟智　李雪松　编著

北京大学出版社
PEKING UNIVERSITY PRESS

内 容 简 介

本书是基于中国高等教育学会设计教育委员会指导的国内设计学科一流院校建设系列教材之一，由理论支撑、设计支撑、实践支撑三大模块组成，包括产品设计的理论基础、产品设计的设计基础、产品概念设计、产品创新设计、产品设计实践、课题训练与案例分析等内容。本书内容不仅与当前设计类专业教学前沿趋势相向而行，而且具备高质量专业教材的领引性和示范性，系统地引导学生紧密结合课题实际，通过"学中做，做中学"设计过程的思考，从理论分析、设计创新、设计实践等环节逐渐展开学习。

本书结合编者近年来积累的"基础厚、内容丰、信息广、案例优"的经典教学成果编写，帮助学生建立完整的知识结构和专业架构，突出产品设计的专业特征和职业化特点，可以作为高等院校工业设计、产品设计专业的教材，也可以作为相关专业的参考读物。

图书在版编目 (CIP) 数据

产品设计 / 曹伟智，李雪松编著. —北京：北京大学出版社，2021.9
高等院校艺术与设计类专业"互联网＋"创新规划教材
ISBN 978-7-301-32471-4

Ⅰ．①产… Ⅱ．①曹…②李… Ⅲ．①产品设计—高等学校—教材 Ⅳ．① TB472

中国版本图书馆 CIP 数据核字（2021）第 178628 号

书　　名	产品设计	
	CHANPIN SHEJI	
著作责任者	曹伟智　李雪松　编著	
策划编辑	孙　明	
责任编辑	蔡华兵	
数字编辑	金常伟	
标准书号	ISBN 978-7-301-32471-4	
出版发行	北京大学出版社	
地　　址	北京市海淀区成府路 205 号　100871	
网　　址	http://www.pup.cn　新浪微博：@ 北京大学出版社	
电子信箱	pup_6@163.com	
电　　话	邮购部 010-62752015　发行部 010-62750672　编辑部 010-62750667	
印 刷 者	河北滦县鑫华书刊印刷厂	
经 销 者	新华书店	
	889 毫米 ×1194 毫米　16 开本　12 印张　360 千字	
	2021 年 9 月第 1 版　2022 年12月第 2 次印刷	
定　　价	69.00 元	

序言

产品设计在近十年里遇到了前所未有的挑战，设计的重心已经从产品设计本身转向了产品所产生的服务设计、信息设计、商业模式设计、生活方式设计等"非物"的层面。这种转变让人与产品系统产生了更加紧密的联系。

工业设计人才培养秉承致力于人类文化的高端和前沿的探索，具有全球胸怀和国际视野。鲁迅美术学院工业设计学院负责编写的系列教材是在教育部发布"六卓越一拔尖"2.0 计划，推动新文科建设、"一流本科专业"和"一流本科课程"双万计划的背景下，继 2010 年学院编写的大型教材《工业设计教程》之后的一次新的重大举措。"国家级一流本科专业建设点配套教材·产品设计专业系列"忠实记载了学院近十年来的学术、思想和理论成果，以及国际校际交流、国际奖项、校企设计实践总结、有益的学术参考等。本系列教材倾工业设计学院全体专业师生之力，汇集学院近十年的教学积累之精华，体现了产品设计（工业设计）专业的当代设计教学理念，从宏观把控，从微观切入，既注重基础知识，又具有学术高度。

本系列教材基本包含国内外通用的高等院校产品设计专业的核心课程，知识体系完整、系统，涵盖产品设计与实践的方方面面，从设计表现基础—专业设计基础—专业设计课程—毕业设计实践，一以贯之，体现了产品设计专业设计教学的严谨性、专业化、系统化。本系列教材包含两条主线：一条主线是研发产品设计的基础教学方法，其中包括设计素描、产品设计快速表现、产品交互设计、产品设计创意思维、产品设计程序与方法、产品模型塑造、3D 设计与实践等；另一条主线是产品设计实践与研发，如产品设计、家具设计、交通工具设计、公共产品设计等面向实际应用方向的教学实践。

本系列教材适用于我国高等美术院校、高等设计院校的产品设计专业、工业设计专业，以及其他相关专业。本系列教材强调采用系统化的方法和案例来面对实际和概念的课题，每本教材都包括结构化流程和实践性的案例，这些设计方法和成果更加易于理解、掌握、推广，而且实践性强。同时，本系列教材的章节均通过教学中的实际案例对相关原理进行分析和论述，最后均附有练习、思考题和相关知识拓展，以方便读者体会到知识的实用性和可操作性。

中国工业化、城市化、市场化、国际化的背后是国民素质的现代化，是现代文明的培育，也是先进文化的发展。本系列教材立足于传播新知识、介绍新思维、树立新观念、建设新学科，致力于汇集当代国内外产品设计领域的最新成果，也注重以新的形式、新的观念来呈现鲁迅美术学院的原创设计优秀作品，从而将引进吸收和自主创新结合起来。

本系列教材既可作为产品设计与产品工程设计人员及相关学科专业从业人员的实践指南，也可作为产品设计等相关专业的教材和产品创新管理、研发项目管理课程的辅助教材。在阅读本系列教材时，读者将体验到真实的对产品设计与开发的系统逻辑和不同阶段的阐述，有助于在错综复杂的新产品、新概念的研发世界中更加游刃有余地应对。

相信无论是产品设计相关的人员还是工程技术研发人员，阅读本系列教材之后，都会受到启迪。如果本系列能成为一张"请柬"，邀请广大读者对产品设计系列知识体系中出现的问题做进一步有益的探索，那么本系列教材的编者们将会喜出望外；如果本系列教材中存在不当之处，也敬请广大读者指正。

2020 年 9 月

于鲁迅美术学院工业设计学院

前言

产品设计是现实与未来生活形态及品质追求的实质创想，是以多元形式结合人文背景，通过诸多元素与实施方式付诸产品呈现的过程。面对人类生活方式的巨变、业界的空前挑战，科学认知产品设计的价值内涵和发展规律显得尤为重要，它是对产品设计体系进行的一种思维性、文化性、实用性、社会性的概括与提纯。

本书围绕高等院校最前沿的教学趋向，汇集鲁迅美术学院工业设计学院与工业设计国家级实验教学示范中心这一独特产教融合的教学特色，针对设计类专业的学习特点，搭接理论基础、设计基础、产品概念、产品创新、设计实践五大模块的全面解析，系统地引导学生紧密结合课题实际，通过"学中做，做中学"设计过程的思考，从理论分析、设计创新、设计实践等环节逐渐展开、细化、深化教学过程的启迪。全书以透彻的产品概念、前瞻性的设计风格、产品创新的引领、设计实践的导入、经典的案例分析为脉络的产品设计思考，聚合思维观念的拓展，对当前产品设计教育领域的观念、方法、实施进行解读。

本书基于国内外的行业动态和产业背景的发展策略，既总结了设计类专业多年来的教学经验和体会，也吸收了国内外最新的学术思想和教学动态。通过规范、前瞻性的章节描述与解析，以循序渐进、不断感悟和探询创新的实施路径，力求以清晰的观念、简明的分析、生动的案例、贴近实际的训练，聚合我们多年来在产品设计专业教学领域积累的丰富研究成果，以颇具典型性、代表性、原创性而具有说服力的作品呈现给大家。

相信，本书的出版，将会为国内相关院校的工业设计、产品设计和艺术设计等相关专业的教学，提供更为丰富的知识内涵与交流契机，借此希望对从事设计教学的同行有所启发和借鉴。

曹伟智

2021 年 2 月

目录

第 1 章
产品设计的基础理论

本章要点
- ■ 产品设计理念与风格。
- ■ 产品设计的系统要素。
- ■ 产品设计的基本原则。
- ■ 产品设计的评价标准。

本章引言

产品设计是一项系统工程，是一个集艺术、文化、历史、工程、材料、经济等多学科知识的综合产物，所涉及的领域和相关的知识范围极广。本章内容意在从产品设计入门的角度，着重对主要的相关概念、当今流行的主流设计思想、设计理念、设计原则和评价标准进行介绍。本着从易到难的学习原则，本章从宏观层面阐述产品设计发展的历史脉络和时代关注，这些内容显然不是产品设计的全部，但却是最基本的。百年前包豪斯对产品设计的解读，对世界现代风格的发展产生了深远的影响，奠定了现代主义设计的基础。随着历次工业革命的进程，社会主要矛盾发生了变化，当前，新一轮科技革命和产业变革与我国加快转变经济发展方式形成历史性交会，产品设计专业人才在实现我国"两个一百年"的奋斗目标进程中将发挥着重要的作用。

产品设计的呈现是物化的文化，是一个不断变化的活体，是意识形态的演变、传播和进化中融会贯通的整合与延续。人类思维捕捉的不断发展和提升即是人的认识、思想和情感不断完善的过程。产品设计的表达也必将随着自身认识去触及人类本质的文化视角并探究其根本，以人性的本质去呈现。这正是人类追求理想化、艺术化的造物方式和生活方式的集合，"以致通久"的交融才是真正意义上的设计表达。

1.1　何为产品设计

产品是人类劳动的物化，即人们本质需求的对象、劳动的结果、认识的反馈、理想的实践。产品设计是一种创造性的综合信息处理过程，通过诸如线条、符号、数字、色彩等元素的组合把产品的外观形状以平面或立体的形式展现出来。它是将人的某种目的或需求进行转换的求证过程，是设定计划、规划设想和解决问题的方法途径，也是通过实质而具体的操作，以理想的方式表达出来的实践过程。

设计的本质是服务人们的生活，改善人们的生活环境，提高人们的生活质量，是以人为根本任务和目标的。产品设计师必须站在人的角度进行设计，学会从使用者的角度来迎合人们的消费欲望，让产品这个物的形态具有人的"感情"，实现产品设计的情感化，让产品成为情感的承载者，从而促进人的交流和沟通，营造良好的社会氛围。

尤其高科技、快节奏下的市场产品快速更迭，突出产品创新和产品改良方面的独创性就显得尤为重要了。在时代命题下，产品设计必须要创造出更新颖、更便利、更独特的前瞻性设计；另外，产品设计还应是易于认知、易于理解和方便使用的好设计，且在环境保护、社会伦理、专利保护、使用安全和标准化等诸多方面必须符合相应的要求。

产品设计是通过产品系统来解决和改善人与物之间的关系过程。作为一名从事产品设计专业的人员，自然要明白什么是设计。我们为什么要设计？约翰·赫斯科特在《设计，无处不在》一书中说过，"设计是创造一个概念，用以生产一个被设计过的产品"。

也就是说，产品设计阶段要全面确定整个产品策略，通过调研分析，从人的需求出发，依据人机工程学、行为习惯等方面综合思考问题。因此，产品设计不仅仅是设计产品本身，通过产品的项目提出、研发过程、生产制造、后续跟踪、信息反馈这一系列过程实施，它必须是一个完备的系统设计，从而确定整个生产系统的布局。因此，产品设计的意义重大，具有"牵一发而动全局"的重要意义。

1.2　产品设计观念的沿革

产品设计是工业革命的产物，是时代经济、技术和文化的内在反映。随着工业化的进程，产品实现了由手工业向机械化工业、信息化工业的转变。在产品生产上采用新技术的同时，工业技术的进步促进了文化方面的不断发展，这样就使产品设计从工艺美术中分离出来，形成崭新的学科。

纵观历史，放眼世界，产品设计有着广阔的领域，它满足了最广大的社会需求，并为经济提供物质的基石。产品的属性随着经济形态的变化而变化，相对于产品经济、商品经济、服务经济和体验经济而言，其属性也由自然的向标准化再向定制化及人性化发展。

技术创新对经济增长的影响与日俱增，世界历史上的历次技术创新都大大加速了经济发展，并伴随着一系列重大发明和新产业出现，如图 1.1 所示。可见，每次工业革命带来的技术创新都是社会经济需求条件变化的结果。技术创新因科学家、厂商及政府受到需求约束条件变化的激励而产生出来，并反过来影响社会需求条件，这样就形成一种双向的正反馈关系。

图 1.2　格罗皮乌斯（左五）与包豪斯的大师们 /Wassily Chair

这是 1925 年 Marcel Breuer 为包豪斯的老师 Wassily（康定斯基）的住宅所设计的椅子。

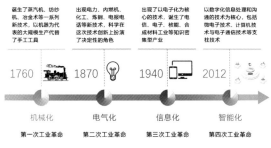

图 1.1　四次工业革命进程图

沃尔特·格罗皮乌斯在 1919 年于德国魏玛创立了包豪斯学校（Staatliches Bauhaus），其办学理念强调人的需求而不是产品本身的艺术性，对世界现代风格的发展产生了深远的影响（图 1.2、图 1.3）。包豪斯的产品设计多呈现简约、工业、大众的风格，其设计理论可以归结为艺术与技术的高度统一，研究内容强调如何了解产品的内部构造；设计目的是为人服务，因此要把功能性放在首位；设计需遵循自然法则进行，强调为大工业生产服务，站在社会发展的角度来规划设计教育的发展方向。它的成立标志着现代设计教育的诞生，也奠定了现代主义设计的基础。

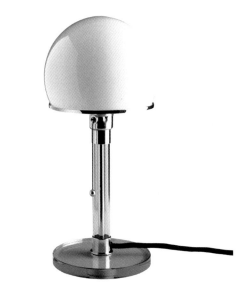

图 1.3　MT8 Lamp Tecnolumen

这款台灯由德国设计师威廉·瓦根菲尔德和瑞士设计师卡尔·雅各布·朱克共同设计，也被称为包豪斯台灯。该设计体现了包豪斯"形式服从功能"的重要原则。

设计观念随着时间、文化、材料、技术在不断地转变。每个地区都有自己独特的设计风格，并随着全球化发展渗透影响着世界。设计的对象开始真正地转向大众，设计更是以关注人的舒适性为首选。当这些特征融入设计中时，设计就不仅仅是设计产品，而是设计文化的一种体现。在这里，不得不提到日本在工业设计方面独树一帜，如荣久庵、黑川雅之、喜多俊之、深泽直人等众多优秀的日本设计师用日本文化感染世界。

随着现代科技的发展、设计思维的转变，如今的产品设计从强调产品开始就逐渐以适应人并满足人的需要这一方向发展。技术的发展迫使产品设计在设计观念中得以快速改变，以用户体验为核心的产品设计、用户参与的创新设计日益受到关注，这也集中体现了科技发展引发的以人为本的产品设计趋势（图1.4）。可以看出，产品设计的发展目标，正是探寻和思考人类到底需要什么？人们需要的不只是产品本身，而是产品带来的服务。产品设计提出了尽可能健康合理的生活方式、系统且合理地解决问题，所以在未来共享经济、共享服务方面将为产品设计发展领域带来巨大改变。

设计的本质是为了解决问题，而不是为了单

图 1.4　Fantastick｜设计：Jinseok Kim
易于携带的太阳能辅助电池，可以为各种电子产品充电。

纯的造物。如今，随着物联网、大数据、人工智能、虚拟现实等新技术的应用，传统工业设计的方法和观念正面临着颠覆性的挑战。

正如日益崛起的 3D 打印技术，它是当下工业设计领域最为火爆的话题之一，从日常用品到航空航天等高精尖产品，在各领域都可以看到该技术的广泛应用。由此可见，产品设计不再以独立的媒介存在，而逐渐向一个完备且系统化的服务平台交融和转变。在未来产品设计中，跨领域的设计将成为重要的研究方向和未来设计观念的主导。

1.3　设计理念与风格引入

随着非物质时代的到来，以互联网、计算机为媒介的数字信息的介入，人类的价值观念必然会发生一系列的变化。设计作为价值观念的一种物质载体与显现，其核心节点中物质与精神的共有层面，不可避免地随之发生质的突变，进而深深地影响产品设计理念与设计风格相互对立、相互矛盾、相互融合的过程呈现。

在产品设计中，设计理念与设计风格的存在，可以说是跨域式的分离与聚合，我们通常所理解的是二者似乎独立存在，但在具体划定上又有着密不可分的关联。设计理念是以人为中心展开的设计思考，是设计师构思过程中所确立的主导思想，赋予了设计作品文化内涵与风格特征不同的定位。设计风格影响设计的发展方向，不受空间、地域、文化的限制，贯穿于不同界面的设计理念中，也就是说，设计理念与设计风格之间是串联在一起相互作用、相互影响、相互交织的牵制关系，二者共同启发了产品设计的新风向。人们对产品有着诸多需求，自然会对产品的设计理念与设计风格有着不同的理解和倾向。下面把具有代表性的设计理念与设计风格罗列出来，供大家参阅。

1.3.1 极简设计

当今产品设计领域最为流行的设计风格是什么？毫无疑问，当然是极简设计。极简设计（Minimalism），顾名思义，就是以塑造唯美和高品质风格为目的，崇尚极致简约的精细对比。在产品设计中，极简主义所提倡的"简"，就是透过现象看本质，"简而不减"。极简主义追求一种简单到极致的设计风格，主要强调功能的主导，形态上简约不简单，强化精湛的细节设计。极简主义概念的生成，并不局限于艺术或设计，它是极简主义者奉行的一种哲学思想、价值观及生活方式。

显而易见，极简主义的风靡与我们当下的生活理念是深深交织在一起的，它所追求的功能至上的原则，主张使用最少的资源来发挥最大的功用，简化生活流程。这在无形之中也契合了我们高效率的生活与工作方式。约翰·帕森曾在《极简》一书中提到，"简朴的观念是许多文化的共享，是重复的理想，它们在寻找一种新的生活方式，避免过度拥有那些不必要的负担。体会物体存在的本质，而不被琐事分心"。

极简主义的设计风格早已深入人心，成为设计界和消费人群的共识。在产品设计中，极简设计去除了一切不必要的元素，并不代表它完全去除审美化。设计师在以"减法"创造新产品的同时，注入了更多的理性原

则，以精确计算、统一色调、比例协调、规则排列的创新方法，使作品呈现出一种在独特魅力下更为精致的美感。极简设计往往带有一种温暖亲切的视觉触动，强调回归人类的基本需求，去除累赘，设计上简约却不简单，遵循"少即是多"的原则，在比例协调的质朴表现中探寻精湛的细节设计（图1.5～图1.8）。可以说，极简主义是真正归属于我们这个时代的前沿设计风格。

图1.5 密斯·凡·德·罗及其设计的巴塞罗那椅

密斯·凡·德·罗（Mies Van der Rohe）是德国著名的现代主义建筑大师。他坚持"少就是多"的建筑设计哲学，在处理手法上主张流动空间的新概念。"少"不是空白而是精简，"多"不是拥挤而是完美。巴塞罗那椅由成弧形交叉状的不锈钢构架支撑真皮皮垫，外形美观、功能实用，其设计在当时引起轰动，地位类似于概念产品。如今，巴塞罗那椅已经发展成一种创作风格。

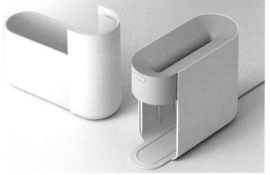

图 1.6　Aperture 碎纸机 | 设计: Blond Ltd

图 1.8　极简手表设计 | 设计: Adityaraj Dev

1.3.2　无意识设计

无意识设计（Without Thought）是一种将无意识的行为转化为可见之物的设计理念和设计风格，又称为直觉设计。无意识设计作为产品设计的一种设计风格，其理念由深泽直人首先提出，即"将无意识的行动转化为可见之物"，并广泛应用于他的作品中。无意识设计并不是一种全新的设计理念，而是关注一些别人没有意识到的细微之处，将其放大并注入原产品中，从而实现人们的无意识行为或情感，消除人与产品之间的隔阂，使人与产品之间的互动更加顺畅。

无意识并不是真的没有意识地参与，而是人的意识行为在身体本能的条件反射，是根据以往的经验、知觉和储存的意识做出的反应。无意识设计追求在设计中实现人们的无意识行为，以促进用户和产品之间的无意识互动，引发用户使用行为的触动。在人们的日常生活中，时常发生的一些行为动作，如吃饭时看到菜品，会不自觉地选择性地拿起刀叉，

图 1.7　Apple 遥控器与小米遥控器
区别于传统遥控器的复杂设计，应用极简化设计的 Apple 遥控器与小米遥控器，功能明晰，更易于识别和操作。

这种行为就属于无意识行为的范畴。无意识设计便是先通过观察人们的这种无意识行为，然后将这些行为嵌入合适的产品中，使产品能够遵从人们的使用经验或行为习惯，在使用过程中不需要过多思考就能够使用，从而提升产品的使用体验。最具代表性的是深泽直人、佐藤大、铃木康弘等具有鲜明的无意识设计特征的日本设计师，他们通过关注无意识设计中设计理念、设计方法、设计特征及操作方式的异同，进行了深入的剖析、对比和归纳（图 1.9）。

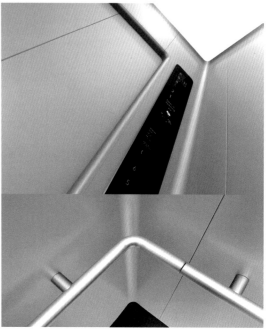

图 1.10　日立电梯

在深泽直人设计的这款日立电梯里，"无意识设计"的关注点放在平常不会有人留意的角落——这里常常是大家搭乘电梯时无意识靠拢的地方。电梯的四面墙的转角为圆弧形，给人一种圆润温柔的包裹感；而四周的扶手同样采用圆角设计，方便抓握。这款电梯还做了"挑高"处理，天花板比普通电梯高一些，显得不那么压抑，内置的两种不同 LED 光源还能根据不同时段、季节产生光线变化，有一种"冬暖夏凉"的感觉。

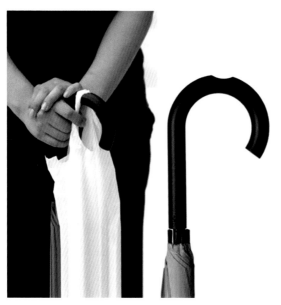

图 1.9　凹槽伞柄

人们在车站等车时，会习惯性地将手提袋等重物挂在伞柄上，但由于大多数伞柄都是弧形的，显然不适合用来放置物品，所以深泽直人就在伞柄上设计了一个凹槽，此设计就是为了满足用户的这种"无意识需求"。

深泽直人所关注的是人们所忽略的有关"无意识"的种种生活细节。他更多的是围绕无意识行为与无意识客观心理活动的研究，致力于在设计作品中无意识行为的客观运用与直接还原，对无意识的研究方向和态度呈现的是客观性（图 1.10）。

佐藤大的无意识设计是根据无意识的属性进行的灵活运用，无意识的强化操作类型对各感官层面的无意识元素进行分解与强化，其对无意识的研究方向和态度呈现主动性。佐藤大往往主动在生活中寻找一些细微的具有无意识属性的元素呈现在产品上，给人一种细微的触动（图 1.11）。通过提取意向元素，易于将产品设计系列化，赋予产品更多的趣味性。

图 1.11 "水梦"（Water Dream）

日本 Nendo 设计工作室的设计师佐藤大为家居品牌 Axor 设计了一款名为"水梦"（Water Dream）的吊灯花洒，将照明和洗浴功能以一种非常自然的方式融为一体，最终的设计不仅可以流出灯光，而且可以流出热水。

铃木康弘无意识的表达则重在对事物各无意识因素间的主观认知和表达，侧重心理感官层面对人产生的相似性刺激，其对无意识的研究方向和态度呈现的是主观性（图 1.12）。

图 1.12 拉链船

日本设计师铃木康弘设计了一艘外形像巨型拉锁的船，船在水上航行时看起来就像拉链拉开的样子。这艘拉锁船长9m，由镀铬的主体、连接装置和一个拉拔器组成。

1.3.3 慢设计

现在的世界被利益、速度、发展、效率包围着，人们好像遗忘了慢的生活感觉，人与人之间的感情仿佛为物质所吞噬，每个人都在享受追求物质的快感和乐趣。同时，快节奏的生活给人们带来了巨大的精神压力，也给人们的生活习性和生活方式造成了很大的影响。人们开始警觉这种现象并进行反思，进而采取一系列解决措施，从欧洲兴起的慢运动开始，衍生出对产品设计行业触动颇大的慢设计。

慢设计并不是指设计速度的快慢，而是一种设计理念和设计风格的交融与延续。慢设计是以人们的根本需求为基础，用敏锐的眼光发现人们真正需要什么产品，更注重情感的交流，以及带给使用者的身体上、精神上的舒适的情感体验和互动（图 1.13）。因此，它认为设计应该更多地关注精神层面的体验和互动，能够从中体现产品的文化内涵，满足消费者最本质的需求。这是关键问题之所在，

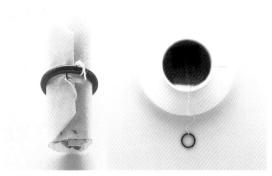

图 1.13　Tea Bag+Ring
深泽直人设计了一种使人们在无意识之中，自然地享受等茶时间的器具。"喝茶"就是享受生活。取出茶袋，注入热水，上下拽动丝线，等待喝茶；这样的行为应存在于"同时"之中，而人们却常常意识不到"同时"；在"同时"之中，闻香知味，观色待饮。在茶袋细绳的一端拴一个戒指样的圆环，其颜色的变化成为提示喝茶时间的标准。正是这种不显眼的细节设计，将人类的感觉和生理上的微妙之处与设计完美结合，启发使用者去学习、思考，提升其认知的空间。

也明确指出了慢设计中所包含的重要一点就是文化内涵的传承。

慢设计的内涵主要体现在以下几个方面：
（1）注重人们的本质需求，而不是一味地以经济利益为目的和追随"时尚、创新、高科技"的时尚潮流。
（2）减轻在产品制造过程中对生态的破坏，减少资源浪费和环境污染。
（3）关注可再生资源，以更科学合理的方式利用太阳能、风能、潮汐能等可再生资源。
（4）在产品使用生命周期结束后，充分考虑可回收和重新利用，来提升产品的使用价值，减少资源浪费。
（5）提升使用者的幸福度，注重情感的交流，体现产品的文化内涵，带给使用者在身体上、精神上最舒适的情感体验和互动。
（6）产品要有益于社会的发展和文化的传承，通过提升使用者的审美及品味，让文化根植于产品中。这是传播慢设计理念时必须重点思考的方面。

1.3.4　感官设计

"感官"是人类的直观感受，包括视觉、听觉、味觉、触觉、嗅觉等诸多感觉的体验，同时也是人类各种感觉要素的集合。感官是一个人产生情感和认知的基础，是让人产生情绪变化的重要载体，也是个人感觉与审美情感的界定。围绕产品功能的不确定因素，设计师应充分发挥自己的理性分析能力与感性判断能力，去审视与感知社会环境和使用人群，特别要注重使用者的情感因素，满足他们的多重需求。

将感官因素应用于产品设计中，从看到一件产品（合理的设计可以传递出产品的价值内涵，让消费者对产品产生认同感）到最终青睐这件产品，整个过程会随着消费者的直观感受，通过视觉、嗅觉、听觉等多种感官认知，传递产品的设计理念和价值所在，从而让消费者更好地接受选择（图 1.14）。这里可以从人们对产品价值的物质需求和精神需求的审视度中，通过合理分配感官与情感的比重、多种感官的交织体验、感官与实用价值的结合，来验证感官对产品的接受度。

将多种感官融合在一起，从多层次感官着手，可以给消费者带来复合型感受。视觉是人类最直观的感官，是产品印象的第一起点，是感官集合的记忆，也是帮助人类建立起印象和认知的前提。对某一件产品视觉感知进行引导，通过意识行为形成感官记忆的迁移，可以带来一种全新的体验。感官里涵盖的一个很重要因素就是体验，包括感官体验与认知体验。感官体验主要是为了满足人的生理需求，通过身临其境的体验感，来刺激人的生理反应；在满足了人的生理需求之后，往往还要满足人更高层面的心理需求，也就是通常所说的认知体验。

图 1.14　壁挂式 CD 播放器

深泽直人根据排风扇的外形设计的壁挂式 CD 播放器，从人们熟知的排风扇外形中提取语意，将其融入音乐播放器的设计。当音乐响起时，人们会感受到排风扇工作时产生的凉爽感觉，仿佛置身于清凉惬意的氛围之中。音乐伴随清风丝丝入耳，那是一种很奇妙的感觉。CD 播放器和排风扇在工作时都是旋转的状态，这也是将两者联系起来的语意符号。

1.3.5　情感化设计

情感是人对外界事物作用于自身时的一种生理的反应，是由需要和期望决定的。情感化设计旨在抓住使用者的视觉与生理关注，诱发其情绪反映出一系列心理感知活动。情感化设计必须是以本能、行为和反思这种多向的维度为基础，由此阐明情感在设计中所处的重要地位与作用。将情感因素融入产品的设计中，深入地分析如何锁定可用性与视觉性之间的交融，可以提高执行特定行为的可能性设计水平。

数字化、信息化社会出现的高科技使人们的情感交流方式发生了超越式转变，人们从以往对物质生活中功能主导的单纯需求转向多重需求下的情绪状态与情感互动的视觉品质、内在特质、心理感知、操作体验、健康环保等方面的更高索求。这也就明确提出了产品设计活动不仅仅是产品功能、性能的完善，更是以深度挖掘消费者的使用需求为要点，以使用者为中心，关注使用者的情感价值体验，采取并注入更多的情感化设计方法，才能使产品与使用者密切接触时产生情感共振，赢得使用者的认可和青睐。

通过情感化设计进行产品创新时，设计者更应注重与消费者进行情感上的沟通与对话，加入更多人性化的功能、良好的使用体验，创造一个产品与人"共鸣"的内心世界。这样设计的产品才能从这种对话中碰撞出超越性的突变与创新，从而提升产品竞争力（图 1.15、图 1.16）。那么，产品设计的情感化设计目标是怎样界定的？

（1）产品外观品质的情感化。也就是通过提升产品的外在魅力，迅速传递视觉信息，推进使用者的视觉感官和审美趋向的聚合，来刺激使用中的情感需求。

（2）产品内在特质的情感化。只有在产品、服务和用户之间建立起情感的纽带，让产品的特性、功能与使用环境等符合使用者对品牌的共性认知，切实打动使用者的情感需求。

（3）产品操作体验的情感化。设计巧妙、舒适实用的产品使用方式，给人们的生活带来愉悦与轻松，这才是在情感认同的前提下产品真正达到使用者满意度的终极目标。

图 1.15　Magical Sapor（Spice Sets）｜设计：色鑫

这是一套以魔幻为主题的调料盛装工具，外形来自童话故事中小精灵手里拿的魔法棒。小精灵挥舞着闪闪发光的魔法棒，便会发生一个个惊喜。当我们用它来为菜肴撒调料时，挥舞魔法棒，调料就会慢慢散落出来，就好比一颗颗带有魔力的星光抖落下来，菜肴随之变得美味可口。根据不同调料可以使用不同颜色的魔法棒，如将盐放在白色魔法棒里，将胡椒粉放在黑色魔法棒里。这样用户很容易识别调料，而填充调料也很方便，只需要将魔法棒背后的软盖打开，用随包装赠送的小漏斗添加调料即可。

图 1.16　穿红鞋的鸵鸟
"其实我是很能跑的，停止脚步，不是逃避，而是为了更加明确方向地极速奔跑。"这是一只穿红鞋奔跑着的小鸵鸟。曲别针就是它的黑色羽翼，拿掉曲别针它就是一只闪耀着光芒的性感鸵鸟，当它掠过桌面上的曲别针、图钉时，就立刻拥有满满一身黑色的羽毛。这种富有趣味的使用体验，让具有动物形态的文具在蕴含童趣的外形下不失品质感。

1.3.6　绿色设计

绿色设计（Green Design）也称为生态设计、循环设计、节能设计，是旨在产品整个生命周期内，着重考虑以保护绿色生态环境为目标的设计。绿色设计通常围绕备受大家关注与认同的可拆卸、可回收、可维护、可重复利用的产品环境属性展开，这也是它的一个突出特点。绿色设计作为产品设计，需要重点思考的设计趋向就是要最大限度地节约能源、提高效率，降低消耗、减少污染、有益健康、兼顾效率，满足人类生活需求，提高人类精神生活质量。

绿色设计以绿色、环保、健康、便捷的设计

理念为主线，推进和引导当下意识形态的回归，通过需求的满足、目标的实现达到自我确证，构成新的创造活动，并产生和满足新的需求。这种绿色思潮的涌入已经成为当下所倡导的一种对自然本体返璞归真的迫切诉求，其理念也越来越多地为人们所接受（图 1.17、图 1.18）。

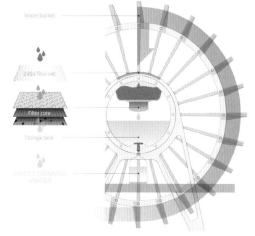

图 1.17　公共滤水车（Waterwheel）Filter | 设计：薛文凯、孙健、李奉泽、李婷玉、薛博木
公共滤水车的设计试图通过对自然力的再利用来造福人们，是以绿色、生态、环保为理念设计和制造的净化水的工具。它可放置在偏远地区、人口密集的村镇或部落等欠发达地区的生活用水取水处，用以净化不清洁的生活用水与直饮水的水源。这个设计方案构想操作性强、易于实施，既具有强大的实用价值，又具有广泛的社会意义。

图 1.18 SOLE-隐藏 | 设计：Mikoaj Nicer、Jakub Maciejczyk

图 1.19 S-Works McLaren Tarmac
由 Specialized 与迈凯伦跨界合作携手打造的超级战车，
运用一级方程式赛车的材料、技术与制造方法，将自行车
设计提升至更高的境界。

1.3.7 跨界设计

跨界设计将智能化、网络化、数字化的信息
融入产品设计，拓宽了设计师的思维领域，
为人类生活品质的实质提升提供了更多的可
能。在现代社会中，人们的价值观随着经济
文化的发展不断变化，人们更注重新鲜、个
性的事物。中西方文化的融合成为当前文化
艺术与产品设计交融发展的必然趋势，围绕
文化艺术、民族风格、时代特色的交互融合
的影响日益凸显，促进了跨界设计理念无障
碍地被引入产品设计领域，其主要优势是创
新思维的聚变和设计风格的多元化。

在产品设计领域，风格、材料和功能的跨界都
是跨界设计理念在产品创新设计中体现。跨界
设计更强调产品设计中设计风格与功能的多样
化，它是不同民族文化、艺术风格和制造工艺
的组合交叉（图 1.19、图 1.20）。通过产品设
计技术与艺术的多元结合，跨界设计打破了
传统的设计思维定式，通过各种跨界思维与
风格方式的碰撞，让各个设计领域的优势互
补，为产品设计注入新鲜的生机与活力，使
资源配置及功能利用得到最大优化，加强了产
品设计的开放性，推动了产品设计的发展。

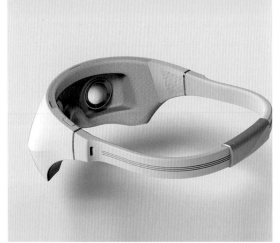

图 1.20 Ombré VR 眼镜设计 | 设计：Givenchy

1.3.8 通用设计

通用设计也称全民设计，是指产品在合理、实用的状态下，创造出来的产品或服务以更贴近用户的视角去探究、去理解他们的真实需求，尽可能为社会上更多的人甚至所有人使用。当然，它涵盖了不同性别、不同年龄、不同地域及特殊人群的共有性原则。因此，通用设计就是一种贯通式的理念和原则的集合体，不仅要考虑舒适性、安全性、易用性、便捷性等相关因素，而且要最大化地满足大众的审美需要。

通用设计可以理解为我们常提到的无障碍设计的升级版。通用设计存在的意义与价值在于，它将无障碍设计中"一般性"的需求变为"全部性"的统筹主导，超越了无障碍设计中以少数弱势和特殊人群的需求为导向的设计原则。可以说，通用设计是一种整合性设计，需要把不同背景、不同能力的使用者的需求整合到设计流程中的一种设计方式。它根据用户的行为特征和心理感受的变化，聚合性地进行挖掘，以获得潜藏在用户生理和心理行为的思维贯通，并通过理性数据分析、捕捉用户的共同需求，来探寻新的设计创新点（图1.21～图1.23）。

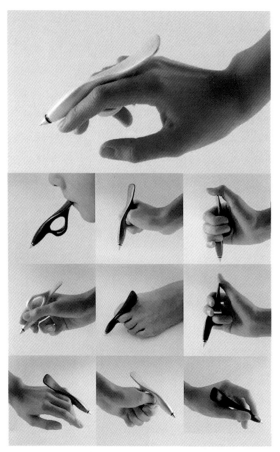

图 1.22 U-wing | 设计：中川聪
作品来自日本"通用设计之父"中川聪，"你的书写翅膀，错过了某些手指，可以用剩下的手指穿过圆环；错过了手，可以用脚；如果手脚都错过了，还可以用嘴含着……"

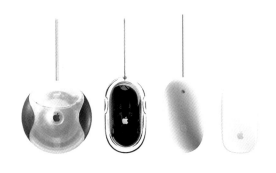

图 1.21 Apple 鼠标
Apple 鼠标在历年的迭代中始终保持着视觉语言简洁、对称的形态，具有可亲的语意性和识别特征。不论是左手还是右手，不论年轻人还是老年人，单击即可使用，其易用性符合通用设计的原则，得到了普遍认可。

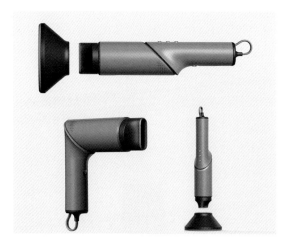

图 1.23 Neglected Modelling | 来自：FangCun & Chen Yi
这个吹风机设计可以说是被忽略的造型设计。通过中间一条斜分界线，将吹风机分割成两种不同的使用造型。当处于收纳造型时，可以将吹风机垂直放置在桌面上，将电线全部收纳于吹风机的手柄之中；当处于使用造型时，只需沿斜线的位置旋转 90° 即可使用吹风机。大风嘴既是底座部分，也是吹风机的部件，使造型的实用性最大化。

1.4　产品设计的系统要素

产品设计的各构成要素是相互关联、相互渗透的。功能要素在产品设计中起主导和决定性作用，是产品设计的目的，而功能的承载者是产品的结构，产品的结构又决定了产品功能的实现。结构既是功能的承担者，又是形态的承担者。形态不仅是外在的表现，而且是内在结构的表现形式。色彩要素作为情感表达的表现方式，相对于形态及材质来说，更为直接、更富有感情。材质、结构、工艺等则归属于生产技术要素，是产品得以形成的物质基础和保障。任何产品的研发与制造，都离不开物质技术条件的支撑。同一产品功能，在不同的材料、结构、加工工艺、生产技术背景下，会形成完全不同的产品概念。产品的物质技术条件能直接反映出产品的科学性、先进性、时代性、艺术性和经济性。将科技要素作为产品设计的发展目标是必然的，而个性要素则是产品设计发展的终极目标，这就把产品与人的关系形态化了。

产品设计把功能、形态、结构、色彩、材质、科技及个性要素作为追求目标，以这些基本要素为支撑，产品各要素之间相互依存，共同推动产品的更新与发展，将设计创造转化为现实产品来引领社会的进步（图1.24）。

图1.24　Wristwatch Twist｜设计：Johannes Lindner

1.4.1　功能要素

产品的功能是工业产品和使用者之间最基本的一种相互关系，是产品得以存在的价值基础。功能要素在产品设计中起主导和决定性作用。每件产品都有不同的功能，人们在使用产品时获得的需求满足，就是产品功能的实现。产品功能可分为实用功能和审美功能两个主要方面，它们是产品设计的两大基本前提。实用功能是从技术和经济的角度分析产品所具有的功能，通过功能分析，明确使用者对功能的要求，以及产品应具备的功能内容和功能水平，来提高产品竞争力；再从审美功能分析入手，进行审美功能设计，从而设计出新的结构。

我们在设计产品时，即使是具有同一实用功能的产品，在形态上也要求多样化。利用产品的特有形态来表达产品的不同审美特征及价值取向，可让使用者在内心情感上与产品达成一致和共鸣。通过实用功能分析，能可靠地实现产品的必要功能，排除多余功能，完善欠缺功能。产品的实用功能，顾名思义，就是产品应有的基本功能，如手机需要有屏幕，自行车需要有脚踏板、把手等。这些就是产品的实用功能，如果没有这些功能，产品将不能被使用。因此，产品的实用功能是决定产品形态的主要要素。产品的审美功能就是为了完善实用功能、满足人们对生活质量的要求而产生的（图1.25、图1.26）。

图1.25　移动多变的家具｜设计：Kim Jiyun

图 1.26 Drilling Targeting（钻孔定位系统）

1.4.2 形态要素

产品形态是信息的载体，也是产品设计的形式，我们通常利用造型语言进行产品的形态设计。而形态是点、线、面在产品设计中的应用，它们具有比在几何学中应用更丰富的意义。世界上的形态是包罗万象的，大到宇宙天体，小到只能用显微镜才能看到的细胞。此外，随着大自然的不断运动变化，形态也在不断地发展和变化着，人类社会正是在这种无穷无尽的变化中得以延伸和发展。因此，理解形态发展的必然性与永恒性，可以使我们更充分地认识和理解形态。不断变化的时代背景给形态带来了很大影响，人们以不同的目的、从各种不同的角度去思考形态的表现问题。消费者在选购产品时，也是通过产

品形态所表达出的某种信息内容来判断和衡量与其内心所希望的是否一致，并最终做出购买的决策。因此，一件产品只有契合了人们的价值观念和审美情趣，才能为人们所接受，具有市场竞争力。

在人类生存的世界里，形态可分为物质形态和概念形态。凡是人们能直接看到的和触摸到的实际物质形象，我们称之为物质形态；凡是人们不能直接看到的和触摸到的而必须借助于语言和词汇的概念（即心理学所称的第二信号系统）感知的形态，我们称之为概念形态。产品的形态在设计实践中会经常遇到，它可以使设计方案产生"少中见多"的审美效果。

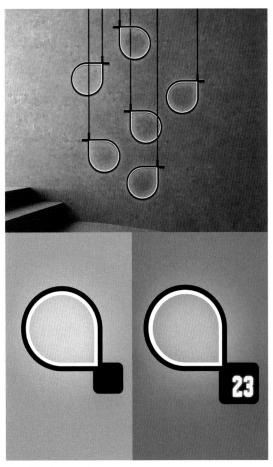

图 1.27 Strap Light

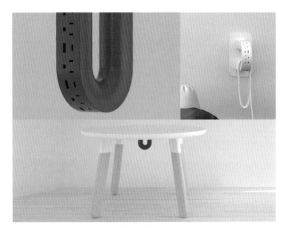

图 1.28 "U" 形电源插排 | 设计：Michael Kritzer、Nicolaas Wilkens、United States

图 1.29 3D 打印 FEND 可折叠式自行车头盔 | 设计：Christian Von Heifner
FEND 是一款可折叠式的自行车头盔，折叠后的大小仅为佩戴时大小的三分之一。FEND 专门为城市骑行者打造，外观设计时尚，偏向极简主义。人们不需要担心这个看上去很酷的头盔的安全性，FEND 可折叠式头盔不仅满足甚至超出了美国 US CPSC 和欧洲 EN 1078 安全标准。

图 1.30 Gear 假肢
Gear 假肢的小腿结构是作为一个单独的组件创建的，由膝关节和脚组件固定在一起，通过转动旋钮，可以调整和锁定嵌入关节中的卡口机构，以固定任何合理厚度或形状的小腿部件。在足部弧形外底以阿尔法形状的结构配合定制材料的特性，可为用户提供良好的缓震和助行功能。

1.4.3 结构要素

结构普遍存在于大自然的万物之中，生物要保持自己的形态，就需要有一定的强度、刚度和稳定性的结构来支撑。一片树叶、一张蜘蛛网、一只蛋壳、一个蜂窝，看上去显得非常弱小，但有时却能承受很大的压力，抵御强大的风暴，这就是一个科学合理的结构在物体上发挥出的作用。在人们长期的生活实践中，这些自然界中的科学合理的结构原理逐步为人们所认识，并最终得到发展和利用。大自然是人工物体结构产生的基本源泉。随着人类社会文明的发展，在自然形态中，不少科学合理的结构越来越多地为人们所发现和利用，但一些更新、更丰富的结构形式还有待人类进一步发现和利用。

在产品设计中，产品的形态与结构是紧密相关的。产品结构包含外部结构、内部结构、系统结构及空间结构，这些结构可以使产品融入人们的日常生活，并融入人们生活的环境。结构会对产品起到画龙点睛的作用，产品的结构要素就是要给产品增添亮点。这些在结构上有着细节设计的产品，都是为了使人们更好地使用它（图 1.29、图 1.30）。

1.4.4 材质要素

材质是表现产品视觉情趣语言不可或缺的要素，从视觉上为产品外观设计提供了最直接的感受，很大程度上也来自人们对它的触觉体验。这种视觉和触觉的交融，让人们在使用产品的过程中产生丰富多彩的情感体验，如木材和布料等传统材质总会让人联想到温馨和舒适，而金属和玻璃等现代材质则会令人产生浪漫和典雅的感觉。这或许可称为材质的情感联想性，将这样的材质运用到产品中，往往使产品带有情感倾向。巧妙地运用材料的物质属性也能够获得意想不到的效果，如 iMac 第一次将美学成功融入产品设计中（图 1.31）。这款拥有半透明的、如果冻般圆润的蓝色机身的电脑重新定义了个人电脑的外貌，并迅速成为一种时尚象征。回味这段历史的轨迹，除了感慨，我们更多地看到了设计的力量和时代赋予人的创新精神。除了类似具有透光性的材质之外，还有一些具有弹性、磁性、导电导热性等属性的材质，合理而巧妙地运用材质的属性，更能体现产品对人的关怀（图 1.32）。因此，材质对于表现产品的形态和功能有着很强的修饰效果。

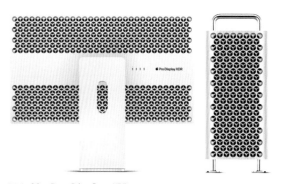

图 1.32　Pro Display XDR
Pro Display XDR 是苹果公司于 2019 年发布的专业级显示器。其加工成铝的格子图案有许多优点，大面积暴露于空气的铝金属外壳，成为空气比金属多的经典散热设计，使其能够维持在一个极端的水平。

材料科学的进步让人着迷，则新材料的出现，从微观到宏观的变革创新方式，让人着迷的程度则有过之而无不及。正是在这些变革中，出现了当代技术的混合物，例如一种材料加另一种材料（如光学纤维）、多种玻璃合为一体……又如最近出现的一种木材具有新的物理属性，这种属性与塑料制品有关，而不是与木材有关。科技带动材料的发展，将产品从传统的生产技术中解放出来，并且还将继续发现、拓展与开发产品（图 1.33、图 1.34）。

图 1.31　iMac
随着乔布斯的回归，1998 年新 iMac 的诞生成为苹果的转折点。从此，"半透明"成为时尚的代名词。

图 1.33　光纤灯具 | 设计：Daniel Lepik

图 1.34　Aguahoja Pavilion（水叶亭）| 设计: Neri Oxman
在麻省理工学院媒体实验室大厅展出的 Aguahoja Pavilion
（水叶亭），是由存在于虾壳、昆虫外骨骼和树叶等自然资
源中的生物聚合物复合材料制成。它是由水基分子通过 3D
打印而成的"介导物质"组织。

5G 技术和无线充电技术的发展推动着手机背
板的变革，由于金属背板具有信号屏蔽作用
而不再得到使用，因此非金属材料逐渐受到
各大手机厂商的青睐。那么，为什么要选择
陶瓷背板呢？从材料的对比上来看，陶瓷背
板具有硬度高、抗热震性良好、散热快、抗
弯强度高、断裂韧性好、耐磨性强等优点，
而且陶瓷背板美观、光滑、温润如玉等"高
颜值"的特征得到了消费者的青睐（图 1.35）。

图 1.35　HUAWEI P40 Pro+
现代创新工艺让传统材质焕发新生，精细打造的纳米微晶
陶瓷背板，宛如艺术品般神韵尽显，白若凝脂，黑如墨玉，
凝视时浑然天成，指掌间温润如玉。

1.4.5　色彩要素

色彩设计在整个产品的开发流程中是必不可
少的一环，而在产品设计中，色彩则尤为重
要。色彩不仅可以解决产品造型问题，而且可
以帮助产品改变造型的风格。例如，直线线型
风格的产品显得过于稳定，这时我们可以用明
度较高、纯度适中的色彩（如红色或黄色）来
打破产品过于稳定的视觉感受，使产品显得活
泼。美国视觉艺术心理学家布鲁默认为："色
彩唤起各种情绪，表达感情，甚至影响我们正
常的生理感受。"的确，合理而巧妙地为产品
配色，往往能够唤醒消费的购买欲望，让产
品在市场竞争中脱颖而出（图 1.36）。

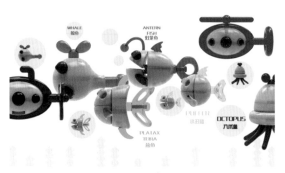

图 1.36　"THE FISH"儿童互动式玩具 | 设计: 李安琦

产品最重要的三要素是形态、色彩、材质。从视觉的角度看，色彩在三要素中是最重要的，不过三要素之间也是互相联系、相互依存的，是不能分开的整体。长期以来的思维定式导致我们认为一些产品，如计算机、打印机、空调等，都应该是灰白色系的，如果把它们换成红色、黄色、蓝色的色调，是不是会大吃一惊，不敢接受？ Apple 公司在 iPhone 机身及机壳上的色彩运用，在彰显个性的同时让人记住美好的时光。这是一份心意，iPhone 的成功让我们深刻地感受到这贴心的情感魅力，尝试后会发现生活会变得更加热情、丰富多彩了（图 1.37）。

图 1.38　透明水龙头 | 设计：Philippe Starck

图 1.37　iPhone11

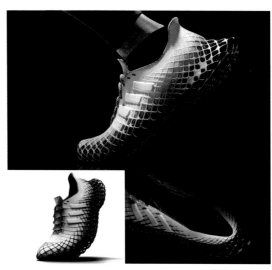

图 1.39　Adidas Grit I Training Shoes

1.4.6　个性要素

随着市场的日趋成熟，人们对商品的选择从"满足消费"过渡到"满意消费"。这时，人们渴望摆脱束缚、享受多彩生活的愿望不断加强，最终发展到要求情感得到尊重、个性得到宣泄、感情得到沟通，这就要求设计应该越来越有针对性地面向具体受众。可以预见，未来的竞争是基于个性化的竞争，谁能更好地满足多样的个体需求，谁就能更好地占领市场，在竞争中立于不败之地。在个性张扬的今天，只有这些有着强烈视觉导向的产品，才能获得市场（图 1.38、图 1.39）。

1.5　产品设计的基本分类

产品设计是一个多学科交融的设计活动，涵盖面很广，大到轮船小到图钉都是产品设计的范畴。产品设计存在的最基本的条件就是要满足工业化生产，它更多地关注与市场环境、用户人群、产品造型、产品概念等的交融。产品设计的分类也非常之多，那么，产品设计有哪些分类？

1.5.1 产品设计按照设计基准分类

产品设计按照设计基准分类，可分为概念设计和改良设计两个主要设计类型。概念设计是一种着眼于未来理想化的设计，也是对未来产品设计发展趋势的预想，并在之后一定的时限内可以实现的设计。它具有很强的探索性和前瞻性，是一种全新的设计，也是创造性思维的一种体现。而改良设计是对已有产品进行优化、充实和改进的再开发设计，通过产品改良来完善社会需求和人的适用度。概念设计可归为一种设计上的质变，如电灯、汽车、手机的出现改变了人的行为方式，使社会进入一个新的阶段（图1.40）；而改良设计则是一种设计上的量变，通过集成化、模块化、无意识等方式重新设计思考，让产品的延续更加合理、更加优化（图1.41、图1.42）。

图1.42 Ultra-Thin Air Conditioner 奥克斯空调
这是一种细长的伸缩式空调，以类似手风琴的面板作为冷气出口。面板会膨胀和收缩，可以改变气流进入的角度。面板扩展越多，气流面积就越大。这种手风琴的结构取代了传统空调引导气流的折翼叶片。在待机状态下，空调通风管的空间被压缩，面板折叠关闭，隐藏通风孔并留下"超薄"形状。

图1.40 蓝牙音响概念设计 | 设计：王丽妍

图1.41 WM Fresher 洗衣机改良设计 | 设计：吴启南(负责人)
WM Fresher 洗衣机结合了前置洗衣机、小型洗衣机和鞋子护理机的功能，为用户提供"从头到脚"的清洁服务。其独特的三层洗涤空间可同时洗涤和护理不同的衣物材料，从而节省时间和精力。

1.5.2 产品设计按照行业分类

通常这种分类可以引导出非常多的门类，当下比较有代表性的有机械设备设计、电子产品设计、产品包装设计、家居产品设计、医疗产品设计、公共产品设计、交通工具产品设计等，如图1.43～图1.49所示。

图 1.43 机械设备设计 | Trumpf 机床

图 1.46 家居产品设计 | Storage Box Series | 设计: Mai Peishan

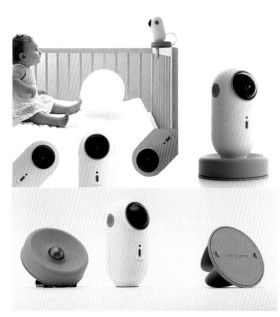

图 1.44 电子产品设计 | CUPCAKE 宝宝守护者 (2017 年红点设计大奖金奖)

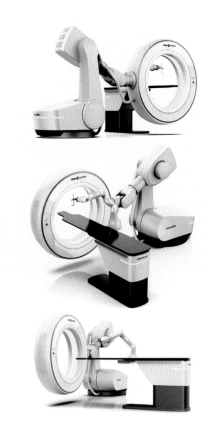

图 1.45 产品包装设计 | Supha Bee Farm Honey

图 1.47 医疗产品设计 | Insitum CT Zero

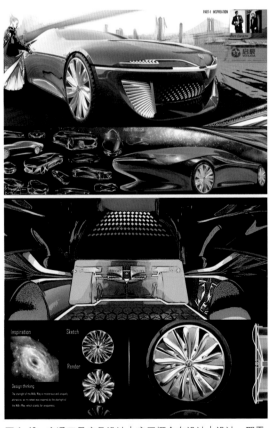

图1.48 公共产品设计 | 智能共享停车位设计 | 设计：李梦洁

1.5.3 产品设计按照设计方向分类

产品设计按照设计方向分类，可以分为产品结构设计、产品功能设计、产品外观设计、产品包装设计、产品广告设计等，如图1.50～图1.53所示。其中，产品结构设计和产品外观设计两者之间有着很强的关联；产品功能设计是产品与使用者之间最基本的一种依托关系，是产品得以存在的价值基础，也是人们在使用产品中获得的一种需求满足；而产品包装设计和产品广告设计也就是产品的推广设计，是吸引用户关注产品的一个重要设计方式。

图1.50 产品结构设计 | CY-BO 包材系统

图1.49 交通工具产品设计 | 启辰概念车设计 | 设计：邢雯

图1.51 产品功能设计 | Dual Mixer-Blender Design

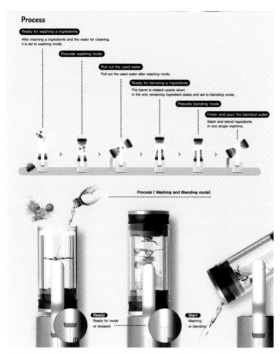

图 1.51　产品功能设计 | Dual Mixer-Blender Design（续）

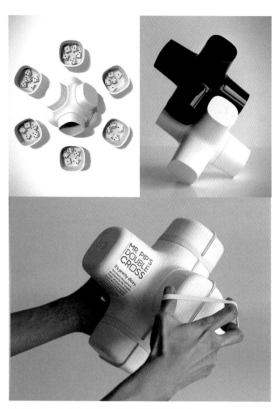

图 1.53　产品推广设计 | 趣味骰子包装盒

图 1.52　产品外观设计 | Fountain 公平分享的精美陶瓷罐

1.6　产品设计的基本原则

当前是个科技飞速发展的多元时代，产品设计因科技发展而发生了巨大的变化。产品设计是工业设计的核心，也是产品推向市场的关键环节。也就是说，工业设计的本质特点决定了产品设计是工程技术和艺术设计有机结合的完整统一体。产品设计师通过对人的生理、心理、生活习惯等一切关于人的自然属性和社会属性的认知，进行产品的功能、性能、形式、价格、使用环境定位，并结合产品结构、材料、色彩、技术、工艺、成本等因素，实现了从社会的、经济的、技术的视角进行的创意设计。

作为时代特征，产品设计遵循功能性、科技性、实用性、经济性和美观性的原则，为产品设计师提供了更多的选择，拓宽了其设计创意的自由度，丰富了产品的形式与风格。我们从中寻找了一种新的界定原则，为产品的使用需求与企业效益的完美统一提供了真正的价值取向。

1.6.1   功能性原则

成功的设计，必须满足社会发展、产品功能、产品质量和效益，以制造方法的多重要求为前提。一个产品从设计之初，就需要有一个明确的设计定位，也就是产品的问世能够起到什么作用、怎样达成社会的共识，这就是产品设计的功能性原则。

产品设计功能性原则是现代设计最基本的原则，它必须从市场和用户需要的角度出发，充分满足使用者的要求。因此，功能性原则直接诠释了人类务实、理性判断的精神之所在。产品设计的功能性原则首先要遵循效率、简便、安全、舒适等原则，来满足人类的使用目的；其次，设计要多样化，强调从单一功能向多重功能的发散；最后，功能性原则与时间因素、信息因素、消费因素等密切相关，即人与物、物与环境之间的协调关系。这就是产品设计最基本的要求，体现了功能性的重要性（图1.54）。

产品设计从功能性原则的需求角度，引导设计者进行更深层次的理解。产品设计功能从需求角度分为物理功能、生理功能、心理功能、社会功能等。物理功能特指产品的内部构造、性能体现、制作精度、耐用性等，它是产品设计功能性原则的直接体现；生理功能是指产品在使用时给使用者带来的便捷性、适用性、安全性、人机尺寸、舒适度等诸多功效和影响；心理功能作为功能性原则的辅助部分，主要体现在产品设计的外观、色彩、肌理和风格上要遵循和满足使用者的心理需求，使使用者产生愉悦和共鸣，引发其对生活的思考和关注；从社会功能的角度分析，产品不仅仅是使用者的个人使用范畴，更是社会层面的价值取向和品位确定。因此，在产品设计中，对功能性进行思考是一条重要原则，不可避免地被放在首位（图1.55）。

图 1.54 Supersonic Hair Dryer

图 1.55   鸭嘴式马桶盖｜设计：徐陈耀

1.6.2　科技性原则

纵观人类社会的发展，我们不难看出，社会发展的步伐总是与科技发展紧密相连的，科技革命必将引发产业革命的快速推进。科技发展对产品设计的影响同样巨大，当前代表工业 4.0 时代的第四次工业革命正在向我们走来，作为时代特征，新科技背景下以云计算、大数据、人工智能和 5G 为代表的新一代 ICT 科学技术的发展，加快并催生了新一轮科技革命和产业变革。

第四次工业革命具有一些明显的特征。首先，生产方式将发生根本性变革，数字智能化、人工智能将成为主流模式。当前，信息技术仍占据主导性地位，其本质就是包括信息、数字、智能化在内的一场技术革命。这些信息化科技与生产管理方式的深度融合，形成了协同创新，推动了新兴产业的发展，更引发了生产方式、生产组织模式、人类思维模式的全方位变革。其次，新能源技术是众多技术的融合点。新一轮产业变革的能源结构将以互联网配置的可再生能源为核心模式。能源技术革命的关键就是要使可再生能源，如风能、太阳能、潮汐、地热等，成为能源结构的主体，继而产生新的能源储备技术，实现资源的合理利用与经济社会的持续发展。

科技创新是产品设计中经常谈论的话题，用常规的技术手段生产出的产品已经不能满足人们对新型产品的需求，因此新技术产品的出现迫在眉睫（图 1.56～图 1.58）。例如，在 20 世纪 90 年代出现的 3D 打印技术，时至今日仍在珠宝、鞋类、工业设计、建筑、工程施工、汽车、航空航天、医疗产业、教育、地理信息系统、土木工程及其他领域都有所应用。

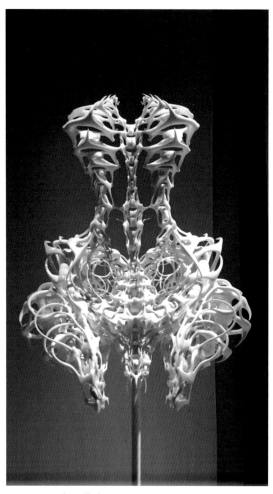

图 1.56　3D 打印骨骼裙
Iris van Herpen 设计的最有名的裙子结构，不是靠双手一针一线制作出来的，而是通过 3D 打印机打印出来的。他是第一个把 3D 打印技术引进时装领域的人，借助科学技术来突破衣服的极限。

图 1.57　尼莫潜水器｜设计：UBoat Worx
这家荷兰公司将进一步推出号称是地球上最轻载人潜艇的双人尼莫潜水器。它带有自动调整航向和深度的功能，并配备了水下所需的最新技术，包括声呐、操作臂、空调和水下无线通信等。

图 1.58　黑洞钟表 | 设计: Tim Chen
该设计通过黑洞与钟表的融合,来表现时间的流逝。

科学技术是时代发展的助推剂,新技术一旦应用于产品设计、规模生产、服务社会,必将为社会生产力带来新的飞跃。科学技术发展让产品设计横纵向拓展有了更多的可能性,给产品设计师提供了更广阔的创想空间。

产品设计的观念以市场需求为前提,根据实用性原则的观念推进转变来创造需求,这种根植于创造需求的过程,间接地刺激着市场的消费和流通。影响产品设计实用性原则的因素还与产品的内外结构、制作工艺、物质技术条件、绿色环保和人性化设计思维密切相关。如图 1.59 所示,水杯的制作本身为了装取液体,但因材质和制作工艺的不同而产生了很多衍生的产品,如玻璃杯、陶瓷杯、运动杯、保温杯等,每一种都具有"装取液体"之外的一些功能,比如说有更好的保热保冷的功能、更好的防漏功能、更好的户外便携体验等,这些实用功能的存在让人们有了更多的选择。

图 1.59　que bottle 可伸缩水杯
来自美国的 que bottle 可伸缩水杯,具有像弹簧一样的螺旋造型,可以拉伸和压缩,实现大小变化,既方便携带,又不会减小水杯容量。

1.6.3　实用性原则

设计的本质是生活,来源于生活,同时也回归于生活。一件好的设计产品,直接或间接地寄托着人们对物质和精神需求的满足,承载着良好的实用性。产品的实用性原则在功能性、适用性、操控性和容错性上经过了精心的设计,以满足消费者的需要为根本。

1.6.4　经济性原则

产品是人类维持日常生活、从事生产实践和开展社会活动必不可少的物质资源。产品设计是与生产方式紧密联系的设计,是对产品功能、形态和结构等方面的综合性设计,以生产制造出符合人们需要的实用、经济、美观的产品为目的的又具有美感的系统化设计。

在产品设计过程中，产品的经济性原则是产品设计师和企业不可忽视的重要方面。以市场服务为主体的批量化生产，必须满足经济方面的需求，让产品更加适应人群、环境、社会等诸多因素的需求。产品制造成本作为产品设计原则中最重要的基础，对其评估尤为重要，在生产制造时要清晰地把握从成本预算到产品的前期设计、结构工艺、材料选择、加工方式、生产数量、生产维修等方面的精准评估，这会直接影响产品的经济性能指标体系。也就是说，产品的经济性原则既要满足产品的使用性能，又要为用户所广泛购买，在为企业创造更多经济效益的同时，使企业内部形成良性循环、技术和经济达到最佳匹配，从而使产品的价值最大化。例如，宜家产品的打造就是一个很典型的例子，宜家每一个产品的设计，都严格遵循性价比原则、沟通原则、叙事原则，这三个原则共同构成了宜家的驱动引擎（图 1.60）。

因此，产品的设计不仅仅是功能设计、造型设计、结构设计的问题，更是一个经济设计的问题，合理而必要地控制成本，是提高产品经济价值的重要手段。

图 1.60　LACK 拉克边桌
这款产品自 1979 年问世以来，始终深受广大顾客的喜爱。它易于组装和搬动，而且价格实惠。它的顶部由刨花板、蜂窝结构纸质填充物（100% 回收材料）、纤维板、纸制贴膜、塑料封边组成。

1.6.5　美观性原则

产品之所以需要设计，是因为要满足人们的不同需求。而要满足人们的需求，在未来的产品设计中，需要产品设计师在满足实用性之后，兼顾人们审美理念的变化，也就是产品所具有的美观性原则。这应是产品设计师在设计产品时需要重点考虑的问题，也是客户基本的设计需求。

一件好的产品外观的创意，不仅可以实现产品差异化，而且必须给人以舒适的视觉享受，以及较好的宜人性和与使用环境的和谐性，通过设计产品的外在表现形式，使产品具有美的艺术感染力，来实现使用者对美的享受，以此拉近人与产品的距离。产品是提高大众审美意识的直接表露，既可以从视觉上吸引消费者的注意，还可以提高产品的附加值和经济效益，这是推进产品在使用过程中具备更多舒适性和便捷性的有力诠释。可见，产品外观的创新也是非常重要的（图 1.61、图 1.62）。

那么，在进行产品外观创意设计时，需要重点思考以下美观性原则：

(1) 产品的美观性应着重考虑以人为本（即以人为出发点）的设计，设计要充分考虑人的因素——符合人生理特征的生理因素、考虑人情感所求的心理因素及让人心情舒畅的视觉因素。
(2) 产品的美观性应该赋予绿色环保的设计理念，在产品整个生命周期内，要着重考虑产品环境属性中材料与技术工艺的可拆卸性、可回收性、可维护性、可重复利用性的环保要求，并将减少环境污染、减小能源消耗、回收再生循环的绿色设计的原则作为设计目标，保证产品应有的功能、使用寿命、质量等多重要求。

(3) 产品的美观性应把人机交互体验设计作为重要支点来解读。从使用者的角度来说，交互设计是一种让产品易用、有效且令人愉悦的技术。它致力于了解目标用户心理，了解用户与产品彼此的行为特点，通过对产品的 UI 界面和行为特点的有机关联，有效地达到使用者对产品美观性进行衡量的目标。

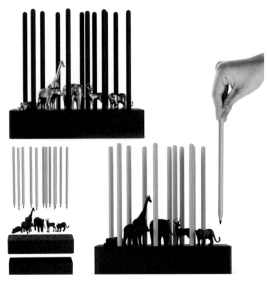

图 1.61　丛林笔插

图 1.62　Coca-Cola Reusable Bottle

1.7　产品设计的评价标准

通过对产品设计的历史沉淀、观念推进、基本要素、设计分类、设计原则等理论基础的解析，可以更好地帮助设计者寻找相对清晰的设计法则。作为产品设计的热门战略，人们普遍认为"好的设计"关键就是使用人群的满意度。所以，产品设计就是一个创造性的综合信息处理的过程。

"好的设计"的评估是一个连续的过程，始终贯穿于整个设计过程中，通常围绕功能要素、结构要素、形态关系、人机关系、环境要素全面而系统地展开。由于产品设计的范围很广，各种产品的使用功能、使用对象、使用环境、要求特征等情况各异，因此在对不同的产品设计进行评估与选择时，具体内容和侧重点也有所不同。所以，从综合设计的角度对"好的设计"进行概括性的统筹评价，可从物理性能和心理精神两个方面来解读。产品的物理性能层面从安全性、性能、功能、使用方便上来思考产品本身属性；产品的心理精神层面从人的需求、价值观、使用价值、使用上的满足感来认定产品的心理需求。

一般通过不断地设计探索、观念更新、需求变化等，来实施产品设计的过程。好的产品设计应符合评估原则，而业界对于评估又有一定的评鉴标准和体系，即好的设计可以理解为：设计的目的必须明确，功能必须合理，信息必须清晰。

德国工业设计大师迪特·拉姆斯这样阐述："工业产品应当是简洁、精致、诚实、平衡和含蓄的。"（图 1.63）对于产品的评价标准，产品设计师应站在使用者的立场上，缩

图 1.63　迪特·拉姆斯及其设计的苹果第一代 iPod
迪特·拉姆斯曾经阐述他的设计理念是"少，却更好"，与现代主义建筑大师密斯·凡·德·罗的名言"少即是多"不谋而合。

小企业与使用者评价之间的差距。我们参考迪特·拉姆斯提出的"好的设计"应该具备的十条标准和日本产业设计振兴会为使用者制定的设计评价标准，可以综合归纳出以下十个评估要点。

（1）好的设计是创新的。创新的可能性永远存在，科技的发展不断地为创新设计提供新的起点，让产品的存在具有更多可能性。

（2）好的设计是实用的。产品是以人的使用为目的，好的设计是为了提升产品的可用性，也就是强调产品的实用性。

（3）好的设计是美观的。产品的美感是不可或缺的实用性，以满足人的生理因素、心理因素和视觉因素为根本。

（4）好的设计让产品易于理解。设计应当以合理的方式表明产品结构，好的设计是自明的，让产品自己说话。

（5）好的设计是不张扬的。产品要像工具一样能够达成某种目的，它的设计应该是中性的、带有一定约束性的，要给使用者的个性表现留有一定的空间。

（6）好的设计是诚实的。不要夸大产品本身的创意，也不要以更高效和更有价值的面目去欺骗消费者。

（7）好的设计是经久永恒的。避免盲目地迎合时尚，设计要充分考虑持久性和经久不衰的理念。

（8）好的设计是关注每一处细节。统一性是产品设计在整体与细节设计上高度统一、紧密关联的重要内容，要求明确表达设计细节与整体的逻辑性和准确性，这是对使用者的尊重。

（9）好的设计是环保的。保护环境是产品设计要重点考虑的方面，让产品在整个生命周期内最大限度地减少环境污染、降低能源消耗，且不要产生视觉污染。

（10）好的设计是简洁的。少即是多，就是说产品设计要侧重于要领，去除产品本身多余的不必要的琐碎的东西。设计应当回归纯粹，回归简单。

那么，如何定义好的产品设计？"好的设计"需要遵循哪些原则？又是如何界定的？这将是接下来我们要探讨的重点。

本章思考题
（1）如何理解包豪斯设计理念的时代内涵？
（2）如何理解设计理念与设计风格的多元化？
（3）结合学习内容，举例说明功能与形式的关系。
（4）对照设计的十个评估要点，谈谈自己是如何理解的。

第 2 章
产品设计的基础

本章要点

- 产品设计的流程。
- 产品设计的方法。
- 产品设计的透视。
- 产品设计的材料。
- 产品设计与人机关系。
- 学习过程存在的问题。

本章引言

产品设计活动是以基本流程、设计方法、透视解析、工程制图、设计材料、人机关系等相关专业基础的知识积累为前提，表现新的视觉传达与造型手段的过程。产品设计以理性思维的准确性和主导性为判断，从客观事物中提炼信息和再现形式美感，借助科学、系统、全面的方法准确地认识、研究和剖析形体，有效地培养学生从设计角度对感性认知与理性分析的交织进行权衡，进而让学生在重新定位与思考中学会通过主动性的策略研究，全面提升对产品形体的拓展能力、分析能力、思维能力、表达能力、动手能力。

产品设计是理性和感性的综合产物，其魅力集中体现在可以把设计灵感以基于现实且高于现实的方式表现出来，以此赋予原本无生命静止的产品生机，推进视觉的解读性。尤其是产品设计存在，可以充分锻炼和提高设计师的思考能力和判断能力，使其感性思维向理性思维的转变能力得到"质"的提高。

面对产品设计专业的学习，非常有必要、有针对性地对设计基础进行重点阐述，以便学生能够准确、快捷地融入和把控。通过科学、系统的方法学习，应达到认知产品设计的基本特性及其应用的目标，从本质上加深对产品内涵的理解，并从理论和实践的角度全面提升对产品设计的认识、理解、研究，进而对产品设计所涵盖的知识点有更深入、更透彻的了解。只有这样，才能使设计师的创造思维具有不断施展的表现空间。

2.1　产品设计的基本流程

众所周知，产品设计是一项系统工程，其所涉及的学科、行业非常广泛，生产企业针对不同市场对产品设计的要求也不尽相同，所以我们在用设计观、设计思想来指导设计工作时，要有一个与之相适应的设计流程，以便科学合理地安排设计工作有序进行。虽然由于设计目的和产品分类的不同，落到实处的程序方法在运用时会有细节上的差异，但基本流程还是比较相似的。一般来说，一个产品从构思到产品上市都要经过这样的流程，如图2.1所示。

图2.1　设计流程

在实际生产过程中，以上每一项任务完成之后，产品设计师都要和项目的决策者、结构工程师、市场销售等人员进行阶段性的审核与评价，这样才能为下一步的工作打好基础。在程序方法的履行过程中，还要明确产品设计师在整个流程中要承担的工作（图2.2、图2.3）。一般来说，设计师做的是产品设计工作流程的核心部分，有些工作要求产品设计师独立完成，还有一些工作要求设计师必须与企业中的其他部门密切配合才能完成。产品设计师的具体工作有以下几方面：

（1）构思草图，提供设计方向。目的是提出创意，探索设计方向和设计的各种可能性，进行设计、选择、修改，推进方案设计的深入展开。

（2）深入设计，完善各部分细节，完成最终方案的三维效果图和产品三视图或六视图。

（3）协助结构工程师进行产品造型的模具结构设计。

（4）将方案制作成手板样机，真实地感受产品的空间尺度，检验设计结构材料的合理性，为后期产品生产做好准备。

（5）根据最初的设计灵感辅助产品市场宣传和推广。

当然，这只是针对设计师必须完成的产品设计本身的工作。在实际设计中，设计师会根据企业的要求不同，在整个产品生产流程中深入设计的程度和角度都有所不同。例如，从图2.4中，我们可以了解到，伴随设计每个阶段性的结束都会有关于下一段设计方向、设计内容的讨论，这是一个必要的环节。成熟的产品设计师会充分利用设计成员的个人优势，发觉设计存在的问题并及时纠正，少走弯路。

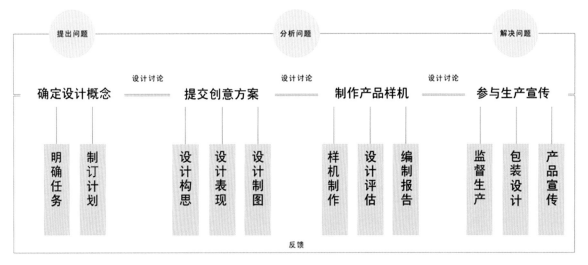

图 2.2 产品设计师设计流程图示

产品企划	设计执行	设计转化	产品上市
· 需求沟通 · 背景调查	· 设计研究 · 概念方案	· 方案细化	· 迭代
明确需求	**设计研究**	**设计验证**	**迭代建议**
桌面研究 · PSET分析 **竞品分析** · 产品特征分析 · 卖场走访 **内部访谈** · 感知图 · 场景分析 · 专家工作坊	**研究基础** · VBL · 产品/设计体验手册 **用户交互** · 消费者体验地图 · 沉浸式观察 · 行为分析 · 情景访谈 · 认知走查 · 情绪板 · 小组访谈 · 日记法 · 卡片分类 · 发散思维	**设计原型** · 快速原型 **用户交互** · 用户角色模型 · 可用性测试 · 接受度评估 · 集群调查 · 深度访谈 · 脑神经科学研究 · 眼动测试 · Kano模型分析	**研究基础** · VBL · 产品/设计体验手册 **上市产品追踪** · 留置使用 · 产品使用性认证 （专家、用户使用性评测） · 满意度评价 · 使用情境分析 · 产品体验体系 · 满意度评价

图 2.3 家电品牌的产品开发设计流程

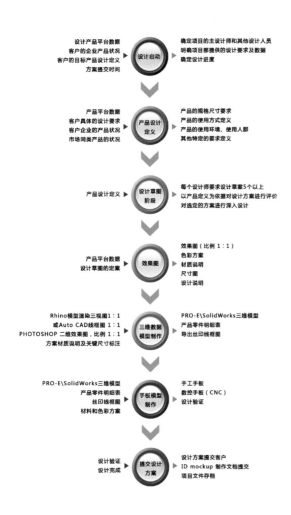

图 2.4　某公司的产品设计流程

在设计之初，设计师首先应明确设计的目标，然后根据产品的内部机芯结构和机械原理，合理安排各部件与产品的外部形态之间的关系，从产品的内部出发进行设计，使产品的外观和产品的功能能够很好地结合起来，这样设计从一开始就可以步入正轨。

2. 制订计划

产品设计师明确设计目标后，在保证设计质量的前提下，为了按时完成设计必须制订一套清晰、完整的设计计划，使其与产品设计流程相结合，这样就可以根据设计的各个阶段的工作量和设计的难易程度来科学、合理地分配时间，保证设计工作顺利有序地展开。产品设计师安排合理的时间计划，有助于企业统筹安排生产计划和销售计划，确保生产投入与资金的分配。时间表一般采用图表法来具体表现形式及内容，因每位设计师、每个设计团队的审美情趣不同，其会呈现出风格迥异的表现形式，如图 2.5～图 2.7 所示。

2.1.1　设计立项

1. 明确任务

无论是驻厂设计师还是自由设计师，在设计之初都应首先正确理解服务对象产品开发的战略和意图，只有了解企业设计开发新产品的目的，才可能明确设计的目标，进行有针对性的设计。根据服务对象设计要求的不同，一般把产品分为仿制型产品、改良型产品、创新型产品、概念型产品几类。

图 2.5　图形化工作计划表（一）

智能玩具时间计划表

内容 计划 时间	市场调研准备				市场调研													产品设计						总结	
					产品调研					调研分析															
	课题拟定	制定调查框架	制订计划进度表	制定调查问卷	产品历史演进过程	产品国内外品牌分析	产品加工工艺	消费心理研究	人机交互	市场环境调查	周边相关产品	产品结构	市场定位	产品技术分析	消费人群调查及分析	产品属性分析	调查问卷分析	未来发展方向分析	设计定位	思维导图	草图设计	形态、色彩、材质定位	细节、可行性研究	效果图·三视图	方案评估	编制报告书	设计总结

月	日
	11
	12
	13
	14
	15
	16
	17
六	18
	19
	20
	21
	22
月	23
	24
	25
	26
	27
	28
	29
	30
	1
	2
	3
七	4
	5
	6
	7
月	8
	9
	10
	11
	12
	13

图 2.6 常用工作计划表

图 2.7 图形化工作计划表（二）

2.1.2 设计调研

现在的市场，产品生产企业之间的竞争日益激烈，产品从一般性的竞争——提高产品质量、改进生产技术、调整销售手段、扩大产品宣传等发展到更深层次的竞争——更细化的市场、更深入的服务，这样的市场就给设计师提出更多的要求，使得设计更接近产品生产的最终目的，全面深入地了解消费者对产品的真实看法，并重视市场调查 (图 2.8)。

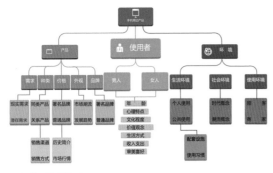

图 2.8 调研框架

观察法。问卷法和访谈法都很好理解，这里就不赘述了。观察法是探寻真实用户需求非常有效的手段，可以通过直接观察用户的行为，或在征得用户同意的情况下，通过拍照或录像获得行为分析的素材。图 2.11 所示的"无印良品的设计"流程图编制的基础源于对用户需求的观察和分析，通过各种调研方法对商品存在的问题进行改良。

1．用户调研

要想全面深入地了解消费者对产品的真实看法，设计师必须从各个角度、全方位地对市场中的产品和消费者的情况展开调研。通过对用户的收入水平、职业、文化程度、年龄、性别等进行调查分类，研究其消费心理、潜在需求，掌握设计走向、市场脉络，开拓新的消费空间（图 2.9、图 2.10）。

用户调研的基本方法包括问卷法、访谈法、

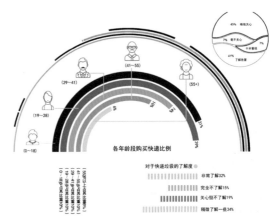

图 2.9 消费人群调研（一）

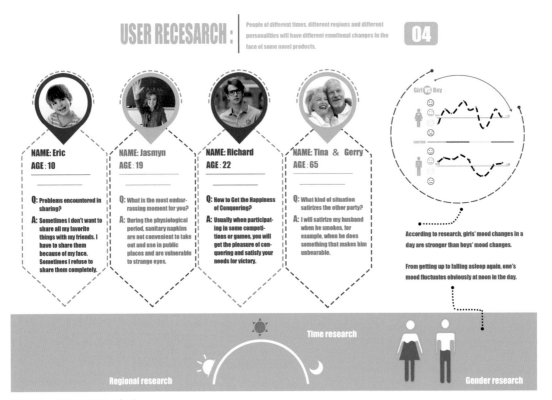

图 2.10 消费人群调研（二）

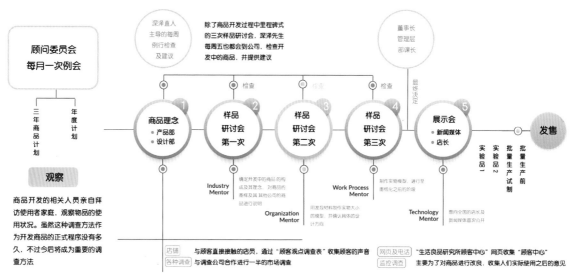

图 2.11　"无印良品的设计"流程图

2. 产品调研

产品历史调研可以从用户需求、审美、技术等角度进行，透过不同时代的产品看到社会发展的特点技术、文化发展的潮流，预测产品发展趋势。产品现状调研主要是对产品的形态属性、色彩属性、材料属性、功能属性、技术属性、经济属性等方面进行系统分析（图 2.12～图 2.14）。如现有产品的品牌定位、产品消费者的经济承受能力；外观造型方面的风格特点、外观特征、色彩、质地、表面处理等；技术方面的可行性、使用方式、操作性能、人机关系、耐用性、维护性能等；经济方面的销售价格、制造和维护成本等。

通过产品调研，目的是研究影响调研产品设计的相关产品现在及未来的发展状况。

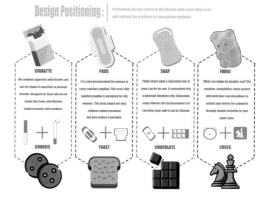

图 2.13　产品属性调研（二）

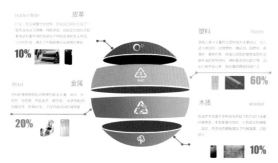

图 2.12　产品属性调研（一）

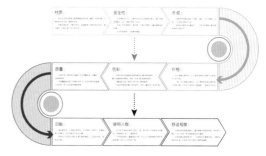

图 2.14　产品属性调研（三）

3. 环境调研

了解企业的生存状态是设计展开的前提。对产品的环境调研包括调研产品的技术环境、市场销售环境、同类产品的竞争环境及政策法律环境等方面，通过产品生存环境的外围调研使设计做到知己知彼，为设计定位明确方向（图2.15、图2.16）。市场环境调研与分析的目的是了解企业生存环境的状态，找出与企业生存发展密切相关的环境因素。例如，企业所在地理位置的优势与劣势是什么？是否接近主要的消费市场？企业周边的科研环境是否有足够的科技力量可以支持企业开发新产品？企业周边的经济环境包括市场景气程度如何、国家经济政策支持什么样的产品；而企业周边的文化环境，决定了消费者的消费意识、消费结构。

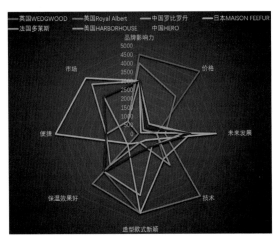

图 2.15　产品环境调研（一）

对于不同的产品，进行产品调研的内容也是有差异的，需要因产品的设计情况而定。我们要清楚设计调研最终是为了明确设计方向，得出设计定位，提炼设计理念。这些调研得到的资料，在经过分析总结后，都可作为未来制订解决方案的基础。

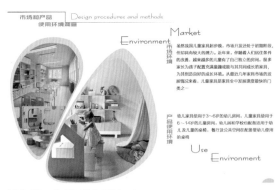

图 2.16　产品环境调研（二）

2.1.3　设计定位

在产品设计之前，一定要有明确的设计定位，如果没有设计定位，设计师的思路就会因不受限制而漫无边际地任意发挥，这样就会失去产品设计的方向与目标，无法抓住和解决产品设计中的主要矛盾和关键性的问题。产品的设计定位要在市场调研与分析的基础上进行，只有经过充分的市场调研与分析，了解消费者的需求，设计师才能采用比较客观、科学的尺度，给设计的产品以恰当、准确的设计定位（图2.17、图2.18）。

设计定位的目的是为企业确定一个最适合自己的产品设计方向，也可以将其作为检验设计是否成功的标准。针对不同的目标市场，应该有不同的设计，用一个产品满足所有消费者的需求是不可能的，也是没有必要的，因为一个产品如果符合所有人的要求就必然会失去它的个性特点。因此，我们在设计时一定要有所侧重，首先解决产品设计中的关键问题，这样才能对设计的目标有一个正确的把握。有了明确的产品设计定位，设计师才能找到设计的目标和方向。

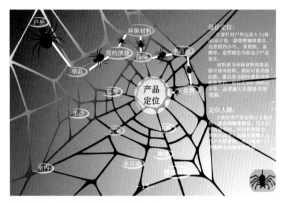

图 2.17　产品设计定位分析（一）

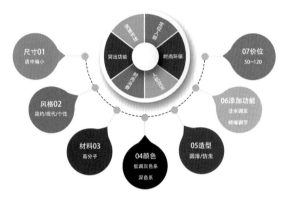

图 2.18　产品设计定位分析（二）

2.1.4　设计表达

设计师是产品设计的主体，是产品设计从抽象到具体的物化表达者，也是将产品形态、功能、材料与技术工艺整合在一起的执行者。在此过程中，设计师通过不同的设计表达手段，把自己对设计项目的理解，结合自己的以往经验、已有知识和情感理解，通过草图、效果图等形式展现在观者面前，使设计成为可以一目了然的图像。这些设计表达是设计师与观者沟通的媒介，目的在于传达设计的意图。

图像是除了语言之外的一种思维表达形式，

是设计师将设计构思转化为现实图形的有效手段。

1. 构思草图

绘制构思草图是一种广泛寻求未来设计方案可行性的有效方法，也是对设计师在产品造型设计中的思维过程的再现。作为设计师最容易驾驭的设计表现手段，它还可以帮助设计师迅速地捕捉头脑中的设计灵感和思维路径，并把它转化成形态符号记录下来。构思草图的突出特点是快速、灵活，不要求完善全面，重点反映不同思维过程的特点，为下一步设计深化做准备。

构思草图的主要作用是完成思维创意设想。根据人的思维特点，构思草图在形式上表现出多样性，有以单纯符号表现的，也有以图解形式表现的，这类随意勾勒出来的草图实际上是一种图示思维的设计方式，而且不同的设计师都有各自特有的表现手法。就目的而言，构思草图只是在前期设计定位的基础上对各种设计方向的探索，是为有目的设计进行前期铺垫（图 2.19）。

2. 设计草图

设计草图是更具体的构思草图的深入展现，较之构思草图，它更多地表现出设计的目的性和系统性。在此阶段，设计师应该在大量收集资料和分析问题的基础上，按照设计定位的要求，开始提出解决问题的办法，确定产品的整体功能布局、框架结构和使用方式，分析产品形态、功能、结构的表达层次及设计细节的排布，考量人机工程学方面的可行性，探讨材料的特性、成本及未来产品的生产加工，更具体地展现未来设计形象的初步形象。

设计草图能预先确定未来产品的基本形态、基本功能和基本色彩的定位，完成产品内部结构和外部形态的协调关系，在解决基本造型的基础上，通过各种元素的组合比较，最终确定效果图的制作形式（图 2.20～图 2.23）。

设计草图在表现形式上一般分为以下几个步骤：

（1）抛开细节，着重产品设计风格和整体形态的简洁化展现。

（2）加入立体与面的构造，细化形态特征的线、面及材料的质感，适度使用夸张手段表现设计意图。

（3）细节深入，细化各个体面的内容，加入各部分色彩、材料、质感的表现，全面建立产品最终的形态。

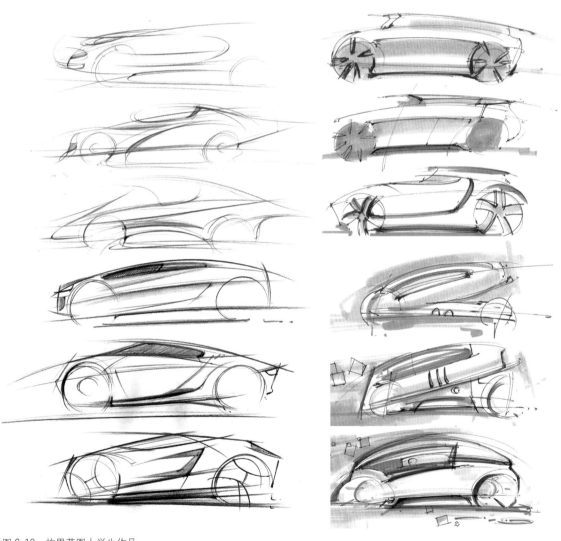

图 2.19　构思草图｜学生作品

图 2.20　设计草图（一）｜学生：刘宇航

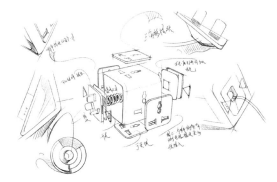

图 2.21　设计草图（二）｜学生作品

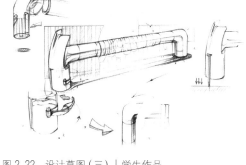

图 2.22　设计草图（三）｜学生作品

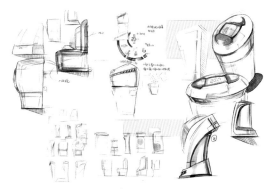

图 2.23　设计草图（四）｜学生：王瑞琳

无论是构思草图还是设计草图，都是设计师的表达语言，它反映设计目的和意义。在传统设计中，重视突发灵感的捕捉，强调灵感的作用，但经过一百多年的发展，人们逐渐认识到捕捉"灵感"是完成设计的一种方法，而不是唯一途径。设计过程有其科学性系统

性，设计师的草图方案不能随心所欲，必须有设计的限定条件、依托的条件及明确达成的目的。完成"交流"是草图存在的意义。

3. 效果图

设计草图阶段结束后，通过设计方案的初步筛选，设计师综合考虑各张草图的可行性，对于产品各部分的比例尺度、功能特点、结构、材料工艺等都需要进行更精准的表达，以期全面地展现产品设计的主要信息，在视觉上建立更直接的方案沟通平台。图 2.24 所示为发散型产品设计方案效果图，俗称爆炸图。此图的表现方式为结构拆分图，具有推敲设计方案的使用方式、功能特点、结构的功能，设计意图清晰明确。

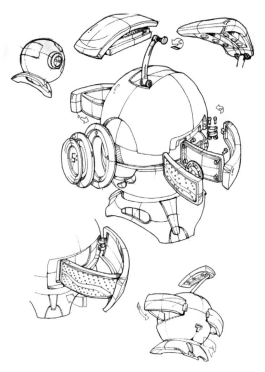
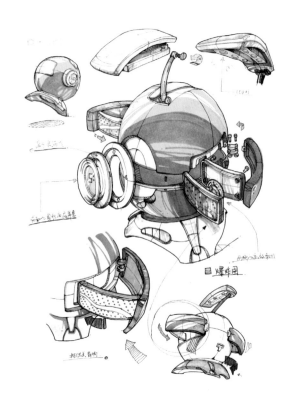

图 2.24　方案效果图 | 学生：吴涤

图 2.25　手绘效果图 | 学生作品

图 2.26　手绘效果图 | 作者：焦宏伟

表现产品设计的效果图也称设计预想图，是设计师表现创意构思的方法。产品效果图能够充分体现产品设计的立体形象。根据表现手段的不同，效果图通常分为手绘效果图和电脑效果图，如图 2.25～图 2.27 所示。

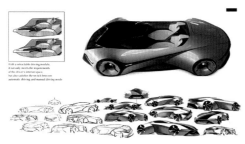

图 2.27　MG-MEDUSA 概念跑车电脑效果图 | 设计：高翰森

4. 产品演示动画

当前，高校工业设计专业学生的作品展示大多以图板、模型和产品样机为主。但其主要表现形式是静态的，产品设计思想需要设计人员口述加以说明，这就使得产品设计的展示形式单一化、不直观。

随着计算机技术的发展，三维数字艺术不仅仅应用于影视和游戏领域，更被设计师们在产品设计领域发扬光大。虚拟现实技术和动画技术极大地丰富了设计师的表现手段，使得概念设计如鱼得水，产品设计的展示从没有如此的真实过。如图 2.28 所示，作品小型概念交通工具设计结合时尚流行元素，以硬朗的线条展示外观造型，以城市为载体，以绿色环保为主题，使得产品个性鲜明、特点突出。在产品演示的过程中，学生抓住了设计的重点，凭借优秀的画面表现和良好的剪辑效果将产品的形式、结构、功能等设计要素一一展示出来，如图 2.29、图 2.30 所示。

图 2.28　小型概念交通工具设计 | 学生：孙文龙

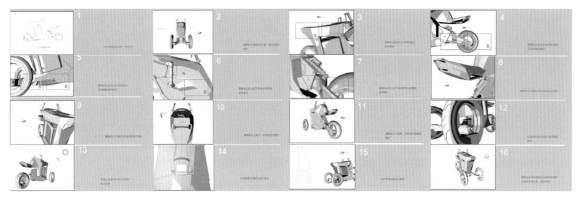

图 2.29　故事板｜学生：孙文龙

图 2.30　动画静帧 3 分 24 秒｜学生：孙文龙

2.1.5　设计评价

在产品设计流程中，始终伴随着产品设计的评价与管理。根据产品的开发流程，可以将产品的设计评价分为以下几个阶段：

（1）原理方案构思阶段的评价。

（2）技术设计阶段的评价。

（3）施工设计与模型样机测试阶段的评价。

对产品设计评价可以通过三个模型进行，即用户模型评价、设计模型评价、市场模型评价。应用设计评价可以有效地检验设计的合理性，发现设计上的不足之处，为设计改进提供依据，进而提高工作效率，减少资源浪费（图 2.31、图 2.32）。

图 2.31　产品设计评价内容

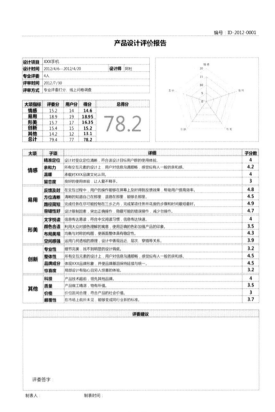

图 2.32　产品设计评价报告

2.2　产品设计方法概述

人们要认识世界和改造世界，就必然要从事一系列思维和实践活动，这些活动所采用的各种方式统称为方法。产品设计方法是以创造学理论，尤其是创造性思维规律为基础，通过对广泛的创造活动实践经验进行概括、总结、提炼而得出的原理、技巧和方法，是设计师进行设计活动的经验和总结，可为设计师提供明确的步骤与框架。这是一个有依据的可重复操作流程，通过设计思考输出设计方案。由于设计的细分领域宽广，每个领域都存在多种设计方法论，所以并非所有的设计方法都适用于设计师当前的设计项目。下面介绍一些较为重点的产品设计研究方法。

2.2.1　设计调研

在现代社会，人们的生活方式和生活内容丰富多彩，处于不同消费层次的消费者对工业产品的需求也多种多样。由于社会生产力的不断发展，生产企业之间的竞争也日益激烈。为了应对激烈的市场竞争，企业从一开始的产品质量的提高、生产技术的改进、销售手段的变化和广告宣传的加强，发展到现在的以产品的更新换代来满足不断变化的市场需求，这样就给设计师提出了更多的要求，使得设计师在产品设计中不得不更加重视调研的作用。要想全面深入地了解消费者对产品的真实看法，设计师必须从各个角度全方位地对市场上的产品和消费者的情况展开调研。

在多数情况下，如果问用户想要什么，用户是没办法给出答案的。我们所说的"创新"的产品是指未来的创新产品，其要点在于供给者提出一个全新的解决方案来满足用户的需求，而不是用户自己想到的解决方案。例如，Apple 公司 2008 年推出第一代 MacBook Air，乔布斯从一个牛皮纸袋中拿出一台笔记本电脑，并用手指撑起翻开成"L"形，显示出它的极致纤薄，如图 2.33 所示。MacBook Air 的推出无疑具有极大的吸引力，其年轻、时尚、轻薄、超长的续航等关键词的背后是苹果对用户需求的细致观察。Apple 公司的产品创新体现在对用户需求的进一步升华，用户想不到的事情，它都想到了。

图 2.33　MacBook Air

普通顾客确实不知道未来会发生什么，会有什么样的创新产品被开发出来，但每一位顾客都有自己的需求。作为设计师，就要通过细致有效的观察和调研，结合用户的行为和使用情境进行深度分析，开发出具有创新性的、好用的产品（图 2.34）。观察法就能很好地帮助他们完成这个目标（图 2.35、图 2.36）。

图 2.34　根据人设、移情图、客户行程图的分析得到用户需求

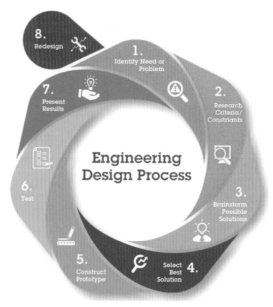

图 2.35　Teaching Channel on Twitter

Hypervolt：

该品类行业的开创者，市场最高售价产品，对比行业开创者的产品在国内产品的对比下是否具备支撑起高价的理由。日常零售价：3420元。

云麦筋膜枪Por design：

作为小米生态链品牌，也是国内比较早跟随市场推出的产品，销量整体排名第一。日常零售价：1999元。

posezoo甫士筋膜枪：

这款产品是一个新品牌，罗永浩在微博上推荐引起了好奇心，由国内按摩椅巨头奥佳华集团生产。日常零售价：1199元。

麦瑞克 MR-1528：

麦瑞克的筋膜枪产品线非常丰富，其产品在官方宣传与这就是街舞的合作引起了好奇心，到底500元左右的效果是否可以达到3000多元价位的产品效果？日常零售价：519元。

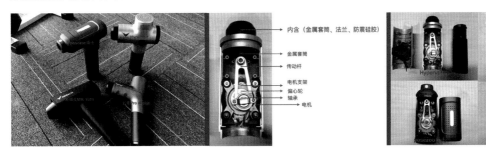

Hypervolt：

产品十字架造型，可站立，圆柱形手柄，材质为ABS塑料，该材质的优点是注塑的时候流动性较好，产品制造方面比较成熟，缺点是用在这里会脆性会比较有隐患。配色采用银色喷漆与黑色配色，有硅胶防滑手柄。整体做工精细。

云麦筋膜枪Pro design：

采用树丫造型设计，圆柱形手柄，造型比较独特，产品采用的是尼龙材料，该材料的优点是韧性比ABS好，抗冲击能力强，缺点是注塑的时候流动性较差，比较难制造，产品采用黑灰配色，灰色部分质感高档，有硅胶防滑手柄。

posezoo甫士筋膜枪：

产品采用"T"字型设计，将电机设计在底部，圆柱形手柄，采用的是尼龙+玻纤材料，该材料的优点是韧性比ABS好，抗冲击能力强，缺点是注塑的时候流动性较差，比较难制造，产品采用灰黑蓝三色，灰色部分喷漆与云麦类似，比较有质感，有硅胶手柄，手柄上设计了防滑点，防滑效果更好，该产品有一个比较大的区别是具备了一块LCD显示屏.

麦瑞克 MR-1528：

产品也是采用"T"字型设计，方形手柄，整体造型不是很考究，使用ABS塑料制造，由于产品壁厚较薄，耐冲击性比Hypervolt要差很多。

手柄尺寸测量：

几款产品的外形尺寸综合来看，几款产品的差距不大，其中云麦的产品手柄尺寸在同等电池布局的情况下做到最细，经过后期的拆解得知，这是在手柄处牺牲了塑料件的厚度换取而来。

产品重量数据：

产品重量数据在筋膜枪上一直有个误解：大家认为手持类的产品重量当然是越轻越好用，过轻的重量在使用过程中由于内部动力会引起产品跳肉情况。这样反而需要在使用过程中施加压力，使其按摩到肌肉深处。从四款产品的对比来看，麦瑞克MR-1528重量过轻的主要原因还是由于内部电池数量的减少造成的。

Hypervolt：

采用电源按键与开关按键分开设计，电源按键在手柄底部，开关按键用塑料按键设计，单击循环切换强度。挡位只用指示灯标记，使用时无法单手操作。

云麦筋膜枪pro design：

整机只有一个按键，长按开关机，短按循环切换强度，采用指示灯标记，按键使用软胶制作，操作手感优秀。

posezoo甫士筋膜枪：

行业目前唯一采用LCD显示屏产品，按键有两个，由软胶包胶制作，整体工艺效果不错。为了保护显示屏，而设计了凹陷。操作逻辑是开关键长按开关机，短按启动，M键进行模式切换，逻辑也较为简单。

麦瑞克 MR-1528：

采用触控按键设计，有四个按键设计，开关机按键在手柄底部，功能键操作逻辑稍显复杂，触控按键在实际操作过程中很容易过度操作或误触，在这种高频震动的产品上面，不是个好的选择。

图 2.36　筋膜枪产品调研

2.2.2　人设 / 用户画像（Persona）

Persona 是对目标群体（消费者）真实特征的勾勒，是主力消费人群的虚拟代表。建立 Persona 的目的是聚焦消费群体，尽量减少主观臆测，走近用户，理解他们真正需要什么，从而知道如何更好地为不同类型用户服务，设计出符合用户需求并为企业创造价值的产品。

Persona 是以大数据为基础，根据数据整合出来的典型的虚拟人物。通过用户访谈和问卷调研可以更加准确地定位消费人群，了解他们的基本信息、个人性格、兴趣爱好、职业、收入及与所调研产品行业的关系等（图 2.37～图 2.40）。用户访谈和问卷的主要目标就是提

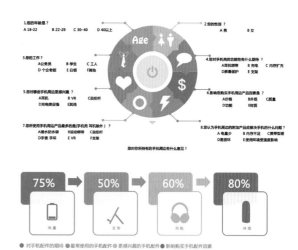

图 2.38　调查问卷分析（二）

取用户的想法，评估用户对产品的偏好、看法和态度，用于产品构思和改进。

调研针对的是代表更大群体的样本受众，提问两种类型的问题：封闭式问题和开放式问题。封闭式问题为用户提供了一组固定的答案（即是 / 否、多项选择、数字比例等），而开放式问题则允许用户根据自己的意愿回答。通过问卷调查反馈，可以了解用户是谁，他们面临的问题及其对产品的真实想法。这样可以帮助我们更准确、更科学地了解用户群体，使产品开发更具针对性。虽然通过用户调研收集到很多用户数据，但令数据变得有价值才是有效的分析。根据用户的属性，可以将用户进行归类分组，创建 Persona（调研数据 + 符合调研数据的模拟真人 = Persona），其信息主要包含以下内容：

（1）基本信息，包括姓名、年龄、职业、照片等。

（2）个人性格。

（3）兴趣爱好。

（4）拥有的技能。

（5）与所调研产品行业的关系。

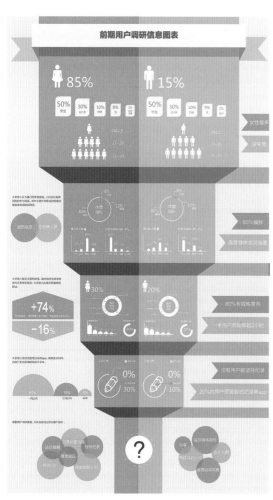

图 2.37　调查问卷分析（一）

（6）购买所调研产品的三个原因。

（7）试用所调研产品的三个原因。

性别

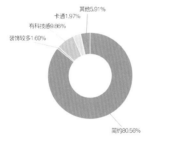

34%

66%

调查问卷填写男女比例

年龄层

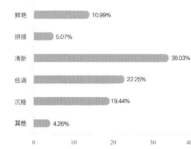

18岁以下 4.51%

45以上 13.52%

18~25: 55.77%

36~45: 14.93%

26~35: 11.27%

大部分人群集中在18~25岁占总人数的一半以上，学生或老师占比较多；26~35岁占10%以上，其中在公司上班和自由职业各占10%；而36~45岁和45岁以上的人群占比也较多将近30%；18岁以下的人群最少。

喜欢的风格

经过对饼状图分析，并且有80%的人选择了简约风格。猫砂盆大多数都是居家放置，而简约的风格和颜色会使整个环境更和谐、自然。喜欢有科技感风格的人群占将近10%，能看出有一部人喜欢炫酷、未来的感受。所以对于不同的人群，喜好的风格也大不相同，具有一定的多元化。

其他 5.91%

卡通 1.97%

有科技感 9.86%

装饰较多 1.69%

简约 80.56%

鲜艳 10.99%

拼接 5.07%

清新 38.03%

低调 22.25%

沉稳 19.44%

其他 4.26%

0　　10　　20　　30　　40

喜欢的颜色

从条形图可以看出人们更喜欢清新一点的颜色其次是低调和沉稳的颜色，清新的风格让人感觉很清爽和大方，可以看出人们喜欢回家后是一种舒适、温和的环境。

图 2.39　调查问卷分析（三）| 设计：金凡博

个人信息

性别：女
年龄：25~35
职业：公司在职
休假情况：单休/双休
收入：较好

个人情况

性格特点：活泼
喜欢颜色：清新或沉稳
喜欢风格：简约无华
养猫时长：1年以上
家猫数量：1只及以上
与产品的关系：使用者

¥ 购买原因

1. 养猫
2. 原用普通猫砂盆体验不好
3. 工作繁忙无暇照顾宠物
4. 无法及时清理则味道会扩散
5. 工作结束十分疲惫
6. 清理卫生较麻烦

使用原因

1. 智能猫砂盆解放双手
2. 清洁卫生，祛除异味
3. 只需处理垃圾袋
4. 休息日也可以安心休息
5. 智能猫砂盆美观
6. 增加生活体验感

图2.40 调查问卷分析（四）| 设计：金凡博

2.2.3 移情图/同理心地图（The Empathy Map）

移情图也叫同理心地图，是一种协作可视化工具，用于阐明对特定类型用户的了解，建立对用户需求的共识，以辅助决策。当通过 Empathy Map 回答六个问题后，会得到用户更真实的反馈。原先的移情图是由 XPLANE 公司开发的，如图2.41所示，从六个角度（所看 SEE、所听 HEAR、所想/感受 THINK and FEEL、所说/做 SAY and DO、所爱 GAIN、所厌 PAIN）帮助企业以消费者需求为出发点，深入了解消费者，并以此制定营销策略。

移情图在设计流程的起始阶段非常有用。移情图让设计师站到用户的角度去思考，分析用户（Persona）所关心的问题。移情图可以揭示哪些问题需要解决，如何解决它们，怎

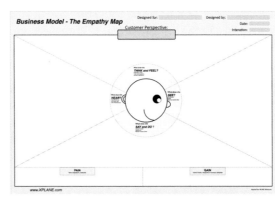

图2.41 XPLANE 公司开发的 The Empathy Map

么帮助设计师与最终用户建立移情关系。当基于真实数据并与其他映射方法结合使用时，移情图可以消除设计中的偏见，发现设计研究中的弱点，发现用户甚至连自己可能都不知道的真实需求，指导进行有意义的创新。如图2.42所示的移情图根据获取目标的不同，在象限内容上做了细微变化，反映了五个方面的内容：

（1）TASKS（任务）——用户努力要完成的任务是什么？他们需要解决什么问题？

（2）FEELINGS（感受）——关于体验，用户的感受如何？什么对他们来说是重要的？

（3）INFLUENCES（影响）——什么人、事物或场景可能影响他们的行为？

（4）PAIN POINTS（痛点）——用户正在遭遇的及他们正希望克服和解决的痛点是什么？

（5）OVERALL GOAL（目标）——用户最终的目标是什么？什么是他们正努力实现的？

那么，如何构建移情图（图 2.43、图 2.44）？

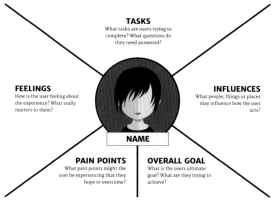

图 2.42　UX The Empathy Map|Paul Boag

图 2.43　The Empathy Map | 设计：金凡博

图 2.44　移情图示例

（1）确定范围和目标。明确 Persona、产品和设计移情图的目标。

（2）收集材料。如果是与团队成员共同完成的话，可以准备一块大白板、便利贴和笔。将图 2.41 中 XPLANE 公司开发的 The Empathy Map 免费模板打印出来，也可以直接在白板上自己动手画出来，这样可以方便团队成员共同完成。

（3）组队。邀请产品团队的核心成员，如产品经理、开发人员、营销人员、设计师及相关人员参与进来。分发便签，鼓励大家根据 Persona 基本信息、用户访谈和问卷分析，结合自身的体验和感受，写下与移情图各个象限相关的想法和点子。

（4）为每个象限生成便笺。每个人都应单独阅读研究，在每个团队成员提取数据时，可以填写与四个象限对齐的便笺。接下来，团队成员可以将其笔记添加到白板上的地图中。

（5）汇集综合。进行团队协作，将属于同一象限的相似便笺集在一起，采用代表每个组的主题来命名集群。将移情图聚集后，就可以根据团队的意见进行调整了。

2.2.4 用户行程图（Customer Journey Map）

用户行程图简称 CJM，是对于用户一个时间段行为的研究，相较于一般的调研，它能得到用户在与产品交互的周期过程中的情绪变化，更好地发现并陈述用户需求。相较于 Persona，CJM 更关注任务和问题，是 Persona 在整个旅程的经历，这有助于设计师在整个项目中系统地思考问题。CJM 是一个神奇的工具，它使用图形化的方式把用户每个阶段的行为和情绪体验直观地展现出来，帮助设计师深入解读用户在使用某个产品或服务的各个阶段的体验感受，涵盖了各个阶段中客户的情感、目的、交互、障碍等。它能够帮助设计师对用户与产品交互的各个触点，特别是用户跟产品在交互过程中的情绪点，进行全面的把握和预期。另外，可视化可以帮助设计师整体感知用户在使用产品中的各个痛点。

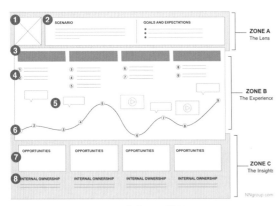

图 2.45　Kate Kaplan 制作的 CJM 模板

典型的 CJM，应该是以信息图表的形式展现，也可以通过故事板甚至一个视频的形式展示。需要注意的是，CJM 绘制要简洁易懂，图表不需要展现用户经历的每一个方面；相反，应该讲述一个关注用户需求的故事。设计师

要能够直观地看到用户遇到的关键点，提醒自己在思考时优先考虑用户想要什么。虽然根据目标的不同，CJM 会有不同的变化，但是基本上都可以采用一个通用的模板。图 2.45 所示是 Kate Kaplan 制作的 CJM 模板。图 2.46 所示是 Customer Journey Map。

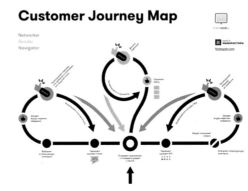

图 2.46　Customer Journey Map

（1）ZONE A：聚焦用户和产品。其中，①是用户角色 Persona；②是产品及使用环境。

（2）ZONE B：用户体验。其中，③是时间段，即产品体验周期；④是用户在产品体验过程中的行为；⑤和⑥是用户体验过程中的感想和情感，通过曲线表达用户的情绪。

（3）ZONE C：根据 CJM 业务目标，分析描述发现的关注未来的机会和痛点⑦、团队中 CJM 不同体验阶段的负责人⑧。

在绘制 CJM 前，需要做两件事：一是研究用户，二是研究用户在使用产品过程中的情绪体验。可以通过问卷调研、用户访谈、竞品分析等方式，获得大量的一手真实的材料。图 2.47 所示是将一周作为绘制 CJM 的一个时间周期的 CJM。图中在左侧列出了用户使用产品中触碰到的触发点（TouchPoint），这些触发点构成了产品使用的环境。图中上方在

时间线的下面列出的是用户的关键行为，通过时间节点的行为讲述用户和产品的故事。在每一个行为与 TouchPoint 交会的点，绘制出用户的情绪（标色），表现是满意还是不满意、问题和原因是什么。

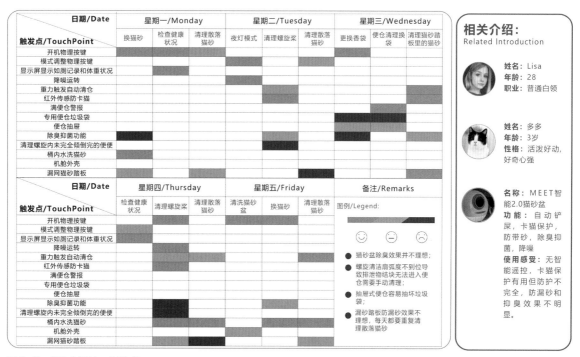

图 2.47　CJM｜设计：崔佳琪

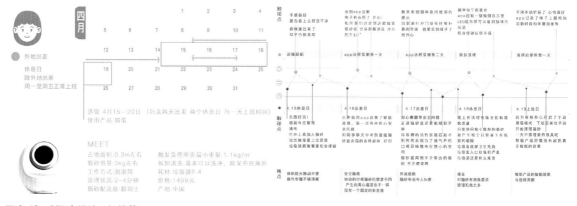

图 2.48　CJM｜设计：闫格倩

视觉化在 CJM 中是一个很重要的方式，可以使用不同的视觉表现形式（图 2.48）。让目标用户自己定义产品使用的各个阶段，而不是设计师通过自己的理解来定义，在完成后再让目标用户模拟整个步骤并评价。至此，一个简单用户旅程图的制作就完成了。

2.2.5 竞品分析（Competitive Analysis）

竞品是竞争产品、竞争对手的产品。竞品分析，顾名思义，就是对竞争对手的产品进行比较分析。做竞品分析有两个目的：一是对比，树立标杆，发现自己的不足，取长补短；二是验证和测试，即通过竞品确定市场的机会点并验证方向是否正确。最有效的竞品选择方式取决于我们的关注点。首先，选择核心功能和核心用户相似度极高的产品，这样可以更为直观地对产品的各个方面进行直接对比；其次，对比相似目标用户的行为特征和喜好，取得更为深入的认知。下面列举两种常用的竞品分析方法。

图 2.50 YES/NO 法竞品分析（二）

1.YES/NO 法

该方法主要适用于产品功能层面，具体来说，就是将功能点全盘罗列出来，将具有对应功能点的产品 A 标记为 "YES"，将没有对应功能点的产品 B 标记为 "NO"，或者标记出成绩最优秀的数据，通过比对可以清晰地了解某功能点上产品之间的异同，如图 2.49、图 2.50 所示。

2. 象限法

这个方法简单、清晰，非常方便对市场上现有的同类产品展开调查，分析优劣，取长补短，对产品的设计定位加以完善，寻找市场机会和产品的设计走向，如图 2.51 所示。一般采用 2x2 象限法分析产品优势，如图 2.52～图 2.54 所示。

图 2.49 YES/NO 法竞品分析（一）

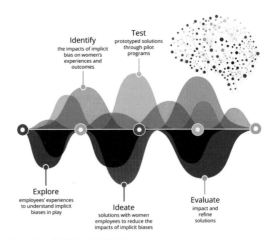

图 2.51 象限法竞品分析

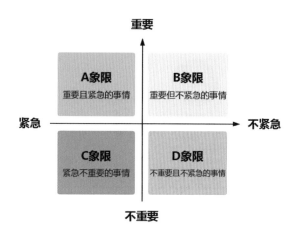

图 2.52　四象限法竞品分析

需要注意的是，做竞品分析必须首先明确自己的需求是什么，然后针对这个需求展开用户调研，进行产品研究，明确功能，得出有效结论。分析是为了解决问题，要直奔主题，避免画蛇添足。分析问题要聚焦，不要面面俱到。要掌握第一手真实有效的调研数据，数据是有时效性的，而且有一些在网上找到的数据不一

定准确，用错误的数据作对比只会浪费时间。分析报告一定要有结论，目的要明确。竞品分析示例如图 2.55～图 2.60 所示。

图 2.54　四象限法在产品设计中的应用（二）

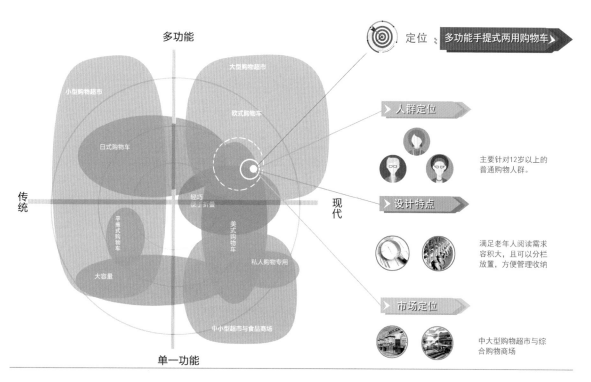

图 2.53　四象限法在产品设计中的应用（一）

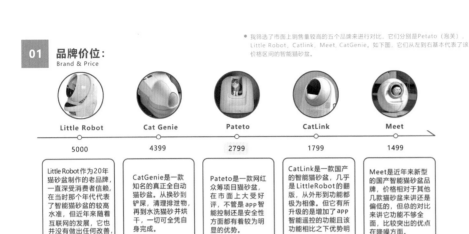

图 2.55　竞品分析——品牌价位 | 设计：崔佳琪

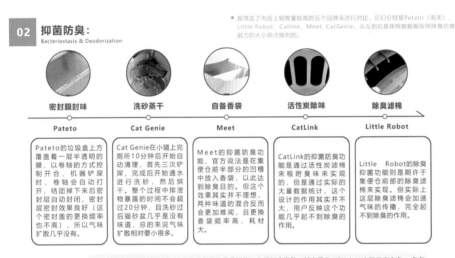

图 2.56　竞品分析——抑菌防臭 | 设计：崔佳琪

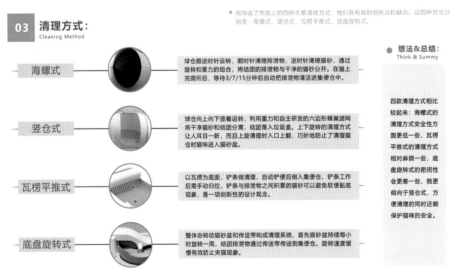

图 2.57　竞品分析——清理方式 | 设计：崔佳琪

04　安全性能：
Safety Performance

● 我分析了现在市面上几种常见猫砂盆的安全防护措施，分析如下。

虚拟电子围栏	重力感应	汽车玻璃防夹
绝对安全不卡猫，是Pateto（泡芙）的独家的围栏模式。生物探测在生物体靠近机器1米左右触发，运行的机器会暂停。品牌创始人说是从大疆无人机的避让模式启发研发的，灵敏度很高，对于猫咪的感应可以说很赞了，很大程度上保证了猫咪的安全。	重力感应几乎是每个智能猫砂盆都有的功能，但从实际测评数据来看，重力传感的灵敏度和传感器造价的高低也有一定的关系。现有的重力传感器有一定的风险，测评数据显示若传感器不灵敏夹断黄瓜没什么问题，所以低成本传感器对猫咪的安全性方面影响大。	汽车玻璃防夹技术是Cat-link官方提出的一种防夹猫设计，一般采用电机的堵转电流进行检测。现存的猫砂盆利用该技术的一般都是由一个微动开关来触发的，但微动开关都不是三防，而且是裸露的，安全隐患较大。根据测评，该技术仍不成熟，汽车玻璃防夹技术夹力比较大，在安全性方面还有待考虑。

● **想法&总结：**
Think & Summy

经数多组数据比较而言但看每种安全设计都不是很放心，所以我认为以技术结合才能达到预想的安全效果。汽车玻璃防夹技术灵敏度和安全性仍有待考虑，但若Pateto的虚拟电子围栏和感应灵敏的重力感应器结合，我认为安全效果会好很多。

图 2.58　竞品分析——安全性能｜设计：崔佳琪

05　物理按键：
Physical Keys

● 我筛选了现在市面上几种常见猫砂盆的物理按键和控制app的界面和功能，分别是Little Robot、Catlink、Meet、Pateto和CatGenie，分析如下。

Little Robot	CatLink	Meet	Pateto	Cat Genie
这款猫砂盆的所有按键的标注都是全英文的，一共四个物理按键，对于不懂的人来说不太方便使用。而且一键拥有多个功能，不方便使用。	也有9个触控按键，虽然标注也是英文，但按键图案生动形象，容易理解。	四个物理按键和一个液晶显示屏，图标简洁明了，更宜使用，液晶屏显示每次猫咪排泄重量。	只有一个物理按键，但贴有解释贴纸，除了按键麻烦之外，相对方便使用。	这款猫砂盆的按键十分复杂，英文标注，不便于使用，但有客服在线解说。

06　智能控制：
Intelligent Control

市面上的app功能
1.运转模式
2.等待时间
3.清理时间
4.多猫识别
5.体重检测
6.便量检测
7.尿量检测
8.入仓提醒

● **想法&总结：**
Think & Summy

这八个功能都是极为常见和基础的app智能功能，方便用户的自/手动模式切换；记录多只猫咪的状态和入仓提醒方便清楚每只猫的状况记录；体重/便量/尿量检测可以得出折线图和健康状况。例如，从Catlink的app中可以得出宠物监测数据的折线图等，可用来对比往期的健康状况，可以编辑猫咪的基本信息等；还有自动换砂功能等都便利了铲屎官的使用。

图 2.59　竞品分析——物理按键、智能控制｜设计：崔佳琪

07　产品外观：
Product Appearance

● 我主要介绍了现在市面上几种常见猫砂盆，它们分别是Little Robot、Catlink、Meet、Pateto和CatGenie，分析如下。

Little Robot	Cat Genie	Pateto	CatLink	Meet
猫砂仓类似于球状，外凸的猫砂踏板。	整体类似于马桶的形状，猫砂仓是盆状。	猫砂仓类似于圆柱体，整体呈现出圆润的四棱台。	猫砂仓类似于球体，整体类似于四棱锥。	猫砂仓和外表都类似于球体。

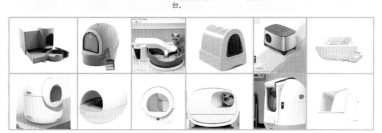

图 2.60　竞品分析——产品外观｜设计：崔佳琪

2.2.6 情境故事

讲故事与听故事都是人的基本能力，设计师可以通过讲故事来描述人、事、物，听故事的人则可以从中了解故事背后的意义及信息。在产品设计中讲故事，一方面是当无法确定产品具体设计信息时，可以对产品设计加以指导；另一方面则是通过营造故事来推动和宣传产品设计，引导消费者接受新的设计理念。情境故事法就是在产品设计活动中讲故事的过程，这种方法在 IDEO、BMW、IBM、PHILIP、ACER 等众多企业设计案例中被采用。

设计概念的产生，通常都基于人们对未来生活的设想。情境故事法就如同拍戏一样，首先要对未来的使用情境进行设想，如什么人、在什么时间、处于怎样的环境和状态下需要进行这样的设计。通过虚拟的使用情境，设计师可以发现其中的问题，并提出解决问题的方案。例如，BMW 在设计某款新车时，通过手绘动画讲述了宝马造车理念下设计创新的故事（图 2.61），这里有许多问题需要思考，如略高的驾驶座椅位置、巧妙的功能设计、乘坐的舒适性、充裕的阳光导入、可调节的低位存储空间。引领潮流的外观、优雅的氛围、适合商务出行、一路动力飞扬等，这是一辆全新的充满个性的 BMW。

在以上设计故事中，我们可以清晰地感受到一个设计概念的产生，是建立在丰富的资料调研的基础上，根据人们的多样化需求建立起来的。该设计故事为我们设定了不同的使用情境，认真分析了使用者的诉求，从而自然地得出相应的设计概念。当然，既然这是一个设计叙事的过程，那么就会有不同的脚本和思考存在，不过唯一不变的就是产品设计是以人的需求为出发点，并以人的需求满足为最终目的。需求是设计的原点，产品设计的形式必须要体现产品的功能。

图 2.61 BMW 情境分析

2.2.7 思维导图

思维导图又叫心智图，是英国教育家托尼·巴赞发明的创新思维图解表达法。它是表达发散性思维的有效的图形思维工具，简单却又极其有效。思维导图运用图文并重的技巧，把各级主题的关系用相互隶属与相关的层级图表现出来，把主题关键词与图像、颜色等建立记忆链接，充分运用左右脑的机能，利用记忆、阅读、思维的规律，协助人们在科学与艺术、逻辑与想象之间平衡发展，从而开启大脑的无限潜能。

设计思维导图是把设计的主要问题作为核心进行的发散式的思考方式，其分支都是与之相关的要素。这种方式能使设计师形成从点到面的思考方式，建立立体化的思维习惯，有效地把与设计主题相关的各要素系统地联系起来。通过思维导图，设计师能清楚地认识到影响设计的层次关系，把握设计的方向。思维导图可以手工绘制，也可以应用目前比较有效的思维导图设计软件，如 Mindjet MindManager、iMindMap、MindNode 等。

制作思维导图的方法如下：
（1）首先确定主题，设计的出发点可以是文字，也可以是图像。思维导图的布局要有层次，清晰明了。
（2）以主题为中心展开联想，表达手段可以是图形，也可以是关键词。
（3）在可能的关键词上再深入展开研究，把线索归纳成几个方面。
（4）归纳各要素间的联系，形成设计思维的方向。

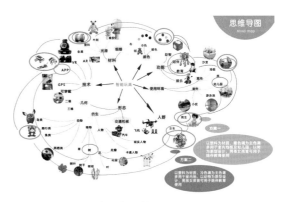

图 2.63　思维导图 | 设计：陈妍

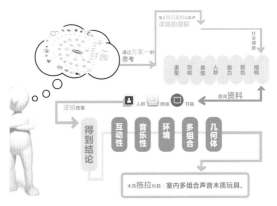

图 2.64　思维导图 | 设计：陈泳佚

思维导图示例如图 2.62～图 2.64 所示。

绘制思维导图可以让我们记录思考过程的点点滴滴，寻求每一个线索内在的联系，使得思维不再是瞬时性的，这给我们提供了长时间思考并寻求答案的可能性。因此，在产品设计中，我们必须要养成良好的设计思维，合理运用所学的设计方法，使其在设计概念的产生、发展及解决阶段发挥作用，推动设计创新。

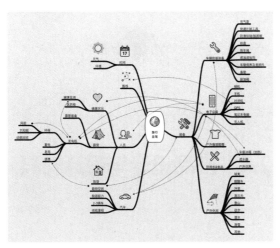

图 2.62　思维导图 | 设计：李雪松

2.2.8 头脑风暴 635 法

头脑风暴法是美国创造学家亚历克斯·奥斯本于 1901 年提出的创造技法，又称为脑轰法、智力激励法、激智法、奥斯本智暴法等，它是一种激发群体智慧的方法。头脑风暴法一般通过会议研讨，使与会人员围绕某一课题相互启发，鼓励自由思考，不受约束地广泛发言，力求对各种设想进行补充、组合、改进，从数量中求质量，会议需要即时记录，把所有设想整理分类，挑出最有希望的见解，审查其可行性。使用这种方法相互启发，容易产生新的设想，能引起创造性设想的连锁反应，产生众多的创造性成果，是设计公司、设计团队创作方法之一。随着这种方法的应用，各种设计组织根据自己应用的理解，便发展形成了头脑风暴法的多种"变形"技法，如克里斯多夫智暴法、卡片法、头脑风暴635 法等。

头脑风暴 635 法又称默写式智力激励法、默写式头脑风暴法，是德国学者鲁尔巴赫根据德意志民族习惯于沉思的性格提出来及数人争着发言易使点子遗漏的缺点，对头脑风暴法进行改造而创立的（图 2.65）。它与头脑风暴法原则上相同，其不同点在于把设想记在卡片上。

在课程教学中，授课教师经常会根据课题的不同将学生分成多个设计小组，培养学生的团队协作能力。在进行小组讨论时，虽然允许小组成员自由发言，但有的成员对当众表达见解犹豫不决，有的成员不善于口述，有的成员见别人已发表与自己的设想相同的意见就不再发言了，而头脑风暴法 635 法可弥补这种缺点。具体做法如下：

（1）确定创新活动主题。

（2）6 人一组，每人准备一张纸。

（3）每人每次 5 分钟内在纸上写下 3 个解，然后传给邻座。

（4）后者读后再用 5 分钟进一步提出 3 个解或作补充，然后传给邻座。

（5）依此类推，30 分钟完成 6 个循环，每一个参加者的建议都将经过 5 个人的补充或组合发展。

（6）如此传递 6 次，半小时即可进行完毕，可产生 108 个设想。每个小组把 108 个解进行分析、筛选，确定 3～5 个最佳答案。

（7）每一个小组推荐一两个人，上台讲解交流。

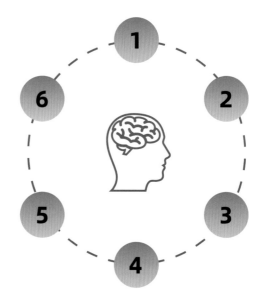

图 2.65 头脑风暴 635 法

2.3 产品设计与设计材料

设计是人类为了生存和发展而进行的一种造物活动，造物活动离不开材料。从设计的角度来理解和运用材料是对客观物质世界的认知过程，也是对人类发展和社会进步提升的过程。每当新材料、新工艺、新技术出现，都会带给设计新的飞跃，它是人类对材料的概念与认识不断理解、深入、再现的意识反映。工业革命以后，从合成材料、半导体材料、高分子材料、环保型材料、复合材料到各种新材料的不断发展与应用，是人类对材料认识的跨越，也是科学技术发展和创造的结晶，极大地推动了人类文明的进程。材料固有的基本类型、基本属性、性能特征，有效地提升了现实领域材料的使用效率和使用范围，所以要从理性的逻辑需求出发，对材料进行真正意义上的理解和认知，这也是对设计师理解力和表现力的综合验证。

2.3.1　设计材料概述

设计是人类在生存与发展中有意识地运用各种工具和手段，将材料加工成具有一定形状的实体，使其成为具有使用价值的物质过程。材料是人类活动的物质基础，从产品的出现，人类就在不断地追求产品的内容与形式的完美结合。设计师在设计产品时，必须合理有效地利用各种材料的特性及加工技术，从切实的角度深入理解与探寻材料与设计的结合。可见，设计与材料之间是密不可分的（图2.66）。

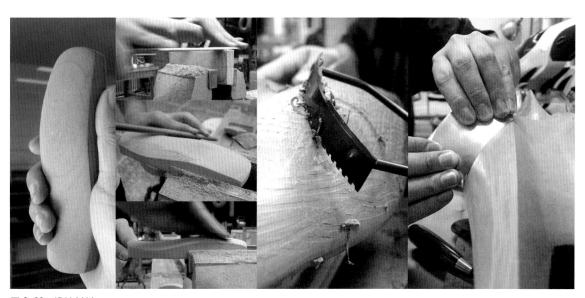

图 2.66　设计材料

材料是产品设计过程中的一种重要设计表现形式，材料与产品设计的结合集中地反映了产品设计领域的最新设计手段和方法。因此，从材料与设计的关系上分析，具体可从材料是产品设计的物质基础、材料与产品设计的互动、材料性能与产品感受这三个方面分析。

这就要求在进行产品材料的选择时，设计师不仅要有美学上的考虑，而且要对设计的合理性和可行性进行具体分析，不要盲目地选择材料，忽视了产品所应有的特性。

2.3.2 常用材料

1. 金属材料

金属材料是现代工业设计活动中应用最为广泛的材料（图2.67）。金属及其各类合金材料种类繁多，具有强度高、延展性好、易于加工等一系列优良的物理及化学性能，赋予了材料很高的使用功能和美学价值。金属材料是产品设计得以实现的最主要的物质条件之一，通常分为黑色金属、有色金属和有色金属合金。

图2.67 金属材料及其设计产品

2. 木材材料

木材是由裸子植物和被子植物的树木天然生长的有机材料，是工业产品中普遍使用的一种材料，也是人们生活不可缺少的再生绿色资源。在产品设计过程中，对木材材料特性、性能、加工方法与使用的了解是非常重要的。木材材料和其他材料相比，质轻而强度大，密度适中，既具有很好的柔韧性，也具有多孔性、向异性、易燃性、湿涨干缩性和生物降解性等特性。从合理使用和发挥性的角度来看，木材材料主要有易加工、可塑性强、密度小、性能优越、弹性和热稳定性好、装饰性强等特征。在产品设计应用中，除了需要掌握木材材料的基本特征之外，更重要的是要了解原木加工后的各种常用木材、人造板材、装饰板材、合成木材等（图2.68）。

3. 高分子材料

高分子材料又称聚合物材料，是以高分子化合物为主要成分的材料（图2.69）。高分子材料与工业产品设计有着密切的关系，具有许多其他材料所不具备的性能。由于自身特殊的性能及加工、成本等方面的优势，高分子材料大量应用于工业产品的造型，并作为结构和功能方面的材料使用。与其他材料相比，高分子材料具有易加工、质轻、耐腐蚀、耐冲击、绝缘性好、阻燃隔热、消音减震、着色稳定等特点，这些特点使得高分子材料所具有的优良性能正朝着高性能、复合化、智能化的方向发展。高分子材料可分为天然高分子材料与合成高分子材料。

（1）天然高分子材料是指远古时期人类就普遍使用的木材、棉花、蚕丝、皮毛、竹、麻及经加工后形成的天然橡胶、天然树脂、纤维素等。
（2）合成高分子材料是经过化学和聚合方法合成的聚合物材料，通常指合成塑料、合成纤维、合成橡胶、胶黏剂、涂料等。

高分子材料的种类繁多，其性能的各异性可以满足各种不同的设计要求，是设计师现在最青睐的设计材料。

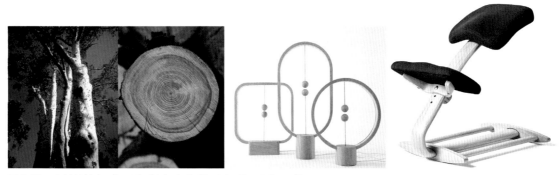

图 2.68　木材材料 | "衡" 系列台灯 | Fully Tic Toc Balans 椅子

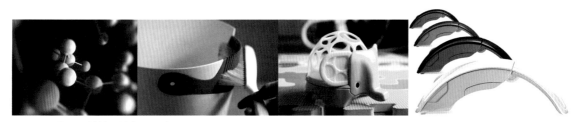

图 2.69　高分子材料及其产品设计

4. 玻璃材料

玻璃是指以二氧化硅、石英砂、纯碱、长石和石灰石等为主要原料，经熔融、成型、冷却固化而成的非结晶无机材料。玻璃已经成为人们日常生活、生产发展、科学研究中不可或缺的产品，并且其生产技术发展迅猛、应用范围不断扩展，这是因为玻璃具有较好的物理化学性能、加工性能及使用性能等特点，在建筑、工业、交通及生活等领域得到了极为普遍的认可（图 2.70）。

图 2.70　玻璃材料 |Haruka Misawa 互动性的装饰鱼缸 | Isom Tables | 设计：Sebastian Scherer

5. 陶瓷材料

陶瓷是陶器和瓷器的总称，是以黏土等无机非金属矿物为原料的人工制作的产品，包括由黏土或含有黏土的混合物经混炼、成形、煅烧而制成的各种制品。从最粗糙的土器到最精细的精陶和瓷器，都属于陶瓷的范围（图 2.71）。按照陶瓷材料的性能不同，可将陶瓷分为普通陶瓷和特种陶瓷两种。

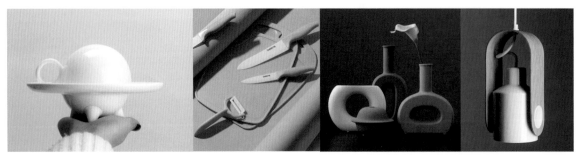

图 2.71 UFO CUP | 中国设计智造奖 & 中国红星奖获奖作品

2.3.3 复合材料

复合材料是由两种或多种性质不同的材料通过物理和化学复合，组成具有两个及以上相态结构的材料（图 2.72）。复合材料按用途可分为结构复合材料和功能复合材料。复合材料的性能不仅优于任何一个单一的材料，而且具有独特的新功能。复合材料最大的特点是将不同性质的材料进行优化组合，发挥不同材料的性能和结构，使组合材料在原有性能的基础上互相融合补充而得到进一步加强。未来复合材料的研究方向主要集中在纳米复合材料、仿生复合材料，以及发展多功能、机敏、智能、绿色复合材料等领域。

2.3.4 新材料

新材料是指传统材料所不具备的优异性能和特殊功能的材料（图 2.73）。现在，新材料的研究领域主要集中在电子信息材料、新能源材料、先进复合材料、纳米材料、新功能材料、生态环境材料、生物医用材料、高性能结构材料、先进陶瓷材料、智能材料等领域。

图 2.72 复合材料

图 2.73 新材料 Move 航空智能座椅
Layer 设计工作室设计开发了一种 Move 航空智能座椅,旨在改善中短途航班的乘坐体验。座椅椅套由聚酯羊毛混纺面料和集成导电纱线编织而成,连接一系列传感器,可实时检测乘客身体和椅子的状况。座椅背面有一个 "中央小岛",里面装有托盘桌、机上娱乐系统和小口袋等。乘客可以通过手机上的 Move 专属 App 监控和控制温度、座椅张力、压力等条件。

2.4 产品设计与人机关系

产品设计往往以一种美观与和谐的姿态展现于世人面前,而这种美观与和谐则是产品本身存在的必然,也是产品本身所集合的人文意识,即为 "合理"。归根结底,设计是为人而设计的。产品是透明的、诚实的,也是有情感的,人们对产品有着越来越高的精神需求和个性需求。这就需要设计师进行更合理、更直观、更具性格、更为人性化的能动设计,通过定位、识别、跟踪人的动作和行为,来改善受众群体的实质感受,推进人与物之间的识别交互、理解交互、情态交互及情境反馈的相互关系,即最大限度地解决人与产品协调中的人机关系。

人机工程学是科学地利用人、产品、社会、环境四要素之间的相互作用、相互依存的有机联系来研究系统的设计优化的学科。它将人机交互的合理性、认知感及感官悦目作为设计重点,把握不同受众人群生理特征和行为特性的紧密联系,形成更易理解的传达与交流,是最大限度地符合人的行为习惯和简化原则的交互(图 2.74)。人机工程学强调

人机因素的合理优化,不仅仅是对设计方案的选择、分析、预测及优化,更重要的是对不同的受众人群在使用时所处的本体、环境等的人机交互选择。这就为人机交互及人机因素的设计植入提出了更高要求。

使用功能的合理、行为机构的优化,注入产品的情感,这是设计师在人机系统中所面临的长久命题。这就明确了设计的产生自始至终都是为人所用,人始终是设计的主体,也就把 "人性化" 定位为设计发展的永恒主题。人机是解决人与技术之间的鸿沟,立足于广泛的文化、历史等人文层面,开始更多地关注人的生理、心理与精神因素。也就是说,在产品设计中,要满足消费者深层意识中潜在的亲和性情节,使设计与人的情感进行交流融合,使设计更加具有人情味。

学生要了解人机工程学的基本理论体系,初步学会从人机工程学的基本原则和方法出发,重点了解感知的基本特性、心理过程、行为动机、思维形式及想象的含义等。在此基础上,掌握人机工程学在产品设计中的方法与规律,弄清楚人体舒适性是一个相对的动态概念,明确行为舒适性与知觉舒适性的差异,

力求在人与机的功能分配上达到最佳的合理性；而且，通过实践，创造性地运用人机工程学的原理解决设计方案中存在的实际问题（图2.75）。

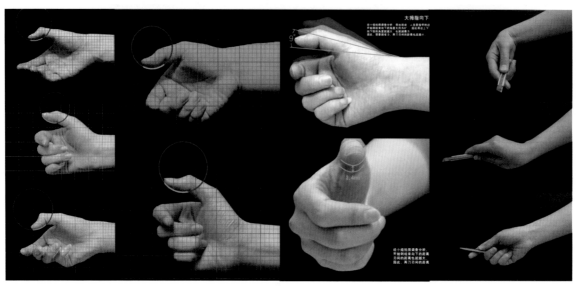

图2.74 产品设计中的拇指碰触
在人机系统中，人主要与感觉系统、神经系统、运动系统发生联系。首先通过感觉器官接受人机系统信息，随即传入神经，将信息由感觉器官传到大脑这个人体理解和决策的中心，进而传达到肌肉。因此，在产品设计中，拇指碰触的这种作用过程是对操作者感知能力的直接验证。

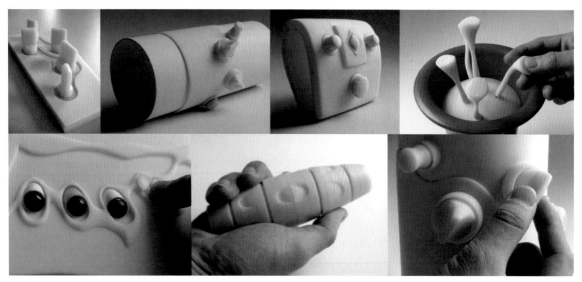

图2.75 产品设计中的触碰设计
通过手指的触摸与旋动，要让使用者达到视觉、听觉、触觉、肤觉及心理感觉等器官的机能舒适。这种合理使用的存在方式是以"人的因素"作为一个重要和必需的条件来考虑的。

工业设计活动是处理人与产品、社会、环境关系的系统工程，其出发点不仅仅是人的需求，更重要的是如何处理好物与人之间的关系，实现产品的使用价值，充分满足人的全方位的需求。这就是设计师在设计时始终要恪守的"以人为本"的核心点。未来设计是一个涉及物质、精神、社会的无限宽泛的开放性活动，因此，"以人为中心"的理念逐渐成为产品系统设计的主要目标（图2.76～图2.78）。通过维系人机系统中的功能作用与"人的因素"匹配程度时，要充分考虑人群问题、形态问题、需求问题、信息交互这几个方面的关联应用，这就需要设计师在这几个方面进行更深入的探索。

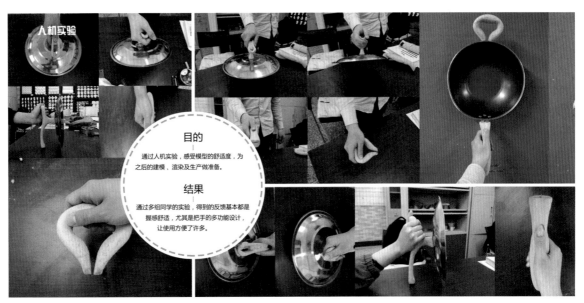

图 2.76　人机实验｜学生：孙治宇
如何解决设计物与人相关的各种功能的最优化，创造出与人的生理、心理机能相协调的产品，将是当今工业设计中的重要课题。手柄使用的方式是人机系统中最直接的体现，通过手握的舒适性、施力的方便协调性、控制操作的动作关系性、形体尺寸的变化，这些都是人机工程学对人体结构特征、机能特征、心理特征的研究范畴。对应用的人机测量解读分析，以充分采集人体生理和心理的人机数据为依据，分析归纳并通过具体的设计，以其逻辑性和数据的充分性来诠释产品在功能和形式上的人机定位。

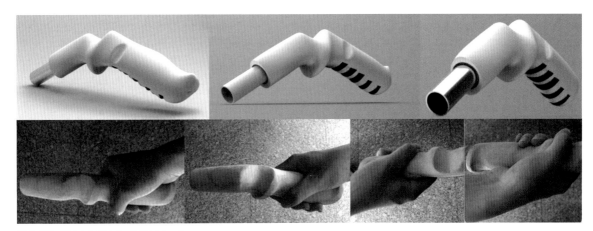

图 2.77　"以人为中心"的设计（一）
以有机形态为设计思路，将曲线与面结合，把"手"的持握方式放在设计的首位，在设计中充分考虑人机问题与使用者的生理、心理特点，使使用者无论怎么握持感觉到的都是倍感轻松和舒适。

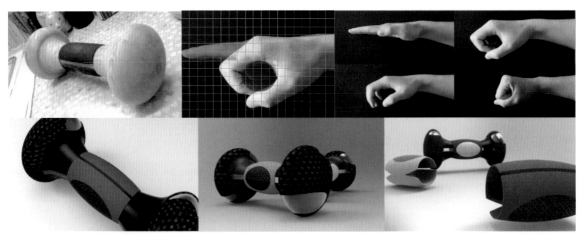

图 2.78　"以人为中心"的设计（二）

设计"以人为主线"，将人机工程学的理论贯穿于设计的全过程。在设计全过程的各个阶段，有必要进行研究与判断，且在各种制约因素中找到一个最佳平衡点，以确保一切设计物都能符合人的特性，如人操作时的动作速度、动作频率、出力状态及动作的习惯性等，进而分析人在使用工作状态时的生理变化、能量消耗、疲劳机理及人对劳动负荷的适应能力，更深入地探讨人在工作和生活中的各种因素导致的不同心理反应及其特征，从而使其使用功能不超过合理的界限。在设计训练中，必须有效地实现产品预定的功能，必须与使用者身体形成合理准确的比例关系，使使用者能发挥产品的最大效率。

2.5　学习过程存在的问题

学习产品设计的目的是把不同的自然现象、社会事物和人们的生活轨迹、行为准则关联起来，在充分考虑科学技术的影响下，精准判断人们的使用欲求与价值取向，付诸以更合理、更直观、更具性格、更为人性化的满足人们需求的设计活动。而在学习过程中，理论知识匮乏、基础能力不足、懒于动脑分析、方法选择不当、思维方式固化等诸多问题还经常困扰学生的心境。下面围绕学习产品设计经常出现的几个主要问题略作解读。

2.5.1　理论知识匮乏

人类社会的存在，就离不开理论的指导，理论和知识这对互不可分的共同体，同样维系着、指导着人的行为方式和情感方法。产品设计是一种有目的设计行为，它呈现的是建立在个体理论认知的广度、深度和对物体对象认识把握的综合能力，承接着理论水平和表现能力的综合效能。只有具有理论知识的有力支撑，才能对物象有着深入透彻的认识和理解。

理论知识所承载的强大作用，更助力于引导每个人思维意识。如果缺少文化底蕴和理论知识的积累，以至于无法评判自己的选择，对物象本质的分析与判断能力就会减弱，对产品物象的理解就会出现较大偏差，就不会有成熟的思考和创造性的分析，就会在学习过程中遇到很多瓶颈，限制自己的思考、影响自己的判断，甚至停滞不前。所以说，理论知识的支撑是一切设计活动的根本，如果没有强大的知识储备来聚集能量，是不可能到达金字塔的顶尖位置。

2.5.2　基础能力不足

这里所说的基础能力不足，特指在专业知识储备与基础绘制经验上的不足。首先，专业知识储备量缺乏，主要是指优秀作品和典型案例太少，没有形成高质量的视觉储备，缺少对物象的品鉴与积累，就不会真正地理解和把握物象的内涵和本质，那么在设计创作过程中就会缺乏感受力和深度。其次，基础性的绘制练习和创作量不够，这也是致命的问题之所在，产品设计不仅仅是捕捉对象特征来再现对象那么简单，它更是综合性知识的积累和沉淀，必须建立在一定量的基础训练之上，逐步积累经验并逐步形成惯性的分析理解，才会在不断思考中挖掘和完善。

提高基础能力的方法是多观察、多理解、多训练，并在日常生活中多储备各方面的知识。我们要在常态化的基础训练中提炼精髓，才能聚集"能量"对客观物象进行深入了解和研究，以便形成对新鲜事物的感性印象和稳定感受，这样才能有的放矢地发掘产品对象内在的本质特征和潜在的精神因素。

2.5.3　懒于动脑分析

产品设计的实施过程是同一时间要考虑诸多问题的综合思维活动过程。它是对人和社会认知的一种理解和感悟，而这种理解和感悟在很大程度上取决于大脑的思考、思维的推理。人类拥有区别于动物的、可进行缜密的思维分析和思维判断的思考能力，但在产品设计的实施过程中，有的人只是机械地、盲目地、重复地进行设计，而不愿意过多地动脑筋，甚至懒于动脑筋。我们知道，产品设计的创造过程必然需要思考、需要揣摩来创造出新奇点，恰恰有很多的人经常习惯性地懒于动脑，以固化的思维模式和表现方法来持续自己的动作，导致思维动态、表现能力和创造能力停滞不前。

只有"勤于思考，战胜惰性"，才能克服惰性，逐渐形成主动意识下积极思考的习惯。这就需要我们时刻以强烈的好奇心锁定自己的神经，把勤于动脑、勤于思考融入身体的每个细胞中。

2.5.4　方法选择不当

有的人认为，产品设计的存在本身就是表达的一种方式而已，不需要什么具体方法，只要根据自己的设计习惯进行就可。但真正好的设计作品，是需要很多设计方法来支撑的，不然，我们在学习过程中为什么要把那么多的创新理念和设计方法传授给大家，这些思维和方法的交合是从对设计思考和设计经验的总结和反思逐步得来的。

设计师在产品设计实施过程中对设计方法运用的不得当或者不正确，决定了其设计作品的表现语言与精神取向的缺失。在这里，我们一定要清楚产品在设计过程中设计方法和创意方法是有本质区别的，千万不要将两者混淆。创意的产生是有迹可循的，它是思维挖掘、灵感捕捉的思维活动。其实，这种创意爆发对我们来说并不难，而真正难以发挥的却是怎样运用合理的、恰当的设计方法来实现和推进创意的实质展开。设计方法，归根结底是要以实践为依据，从用户角度出发，了解和明白用户的行为习惯和生活需求。实际上，方法运用的不得当就是信心不足的一种表现，也是缺乏学习动机、缺乏学习热情的一种被动行为，导致在学习方法上没有真正地认识和剖析目标方法、研究和掌握学习方法，只依据自己的惯性思维和喜好闭门造车。

2.5.5　思维方式固化

每个人在进行主观表现的时候都有自己的思考方式和思维模式，也有一些人在研究问题时，经常用固定的思维模式去思考问题和分析问题，这就会让自己的思维导向逐步出现固化，形成思维惯性。这种思维固化往往是知识深厚者所易形成的烦恼，这些人往往在创意之初，就会调动自己的知识积累去阻挠设计，更在实施过程中给自己施压，总是徘徊在最佳方案的选择途中，这对设计师来说是非常致命的行为习惯，结果反而阻碍了创新与品质的营造。

平时，我们要培养自己强烈的求知欲，树立常态化的问题意识，遇到问题要多思考，带着问题勤思考，克服一切照抄照搬习惯性的思维。同时，要开动脑筋多进行思维训练，多尝试思考问题，这是唯一可行的办法，来启发和引导个体在学习过程中认识、组构、创想的思维模式，逐步解决共性和个性的问题的矛盾点。我们还要养成每一个环节都要用理性、逻辑、创想的思维方法来观察、认识、分析物象的习惯，不断地培养自己的创造性思维，更好地发挥主观能动性。总而言之，就是要多思考、勤思考、多反思、多训练。

本章思考题

(1) 根据设计项目有计划地制定一个调研框架。

(2) 如何针对设计项目进行市场调研？

(3) 如何通过用户调研获取用户需求？

(4) 如何通过情境故事法明确设计概念？

(5) 思维导图的作用及绘制方法是什么？

(6) 产品设计中的人机工程学是如何体现的？举例说明。

第 3 章
产品概念设计

本章引言

概念设计基于现有的经济技术条件对未来进行全面的预测，并大胆提出设想。概念设计是创造性思维的体现，概念产品则是概念设想中理想化的物质形式。由于人类的创作智慧是无穷的，因此在创造性思维的指引下，概念的构思意识丰富多彩，概念设计的风格和类型也是多种多样的。概念设计的出发点同样是为了满足人的需要，这种需求是人们对现实生活中出现的问题提出的理想化的解决途径，因此其概念的提出，首先是要在现实生活中发现问题。这就需要设计师对现实的社会、经济、技术状况进行了解和分析，从中发现问题，并提出解决的办法。本章的重点就在开拓学生的思维，培养其挖掘创意概念思维的能力。

说到产品设计，不得不提到概念设计，从根本上来说，产品都是以特定的思维创意存在的。如果说产品设计的创造过程是一种必然性，那么产品概念创意的展现就是一种必然。这是源于社会与用户需求的特性分析与思维创造的定位，是人与环境、人与物之间多重营造的途径，是融合心与物的认知与体验，也是人类本身意义的复杂性和时代背景下多种可能的推导过程。

3.1　何为产品概念设计

产品概念设计是指从分析用户需求到生成概念产品的一系列有序的、有组织的、有目标的设计活动，以设计概念来提高设计师的复杂敏感性和统一理性思想的思维能力，并以此作为整个设计过程主要起点的设计方法，从而完成整个设计。

产品概念设计的表现是从模糊到清晰、从粗到精、从抽象到具象不断演进的设计变化过程。在此阶段，设计师应对设计项目进行全面的调查和计划，分析用户的具体要求，并指导计划、预期目标、区域特征、文化内涵等诸多因素，从而抛出更为准确的设计概念，为后期设计展开做好铺垫。简而言之，这是产品设计流程的一个阶段，即从产品需求分析到详细设计的阶段，也就是概念设计。

产品概念设计必须以设计方法学的理论为指导，将概念设计方案的构思和建模作为研究的重点，运用适当的设计方法来表达、

描述具体实施的过程，从而确保产品概念的特征和功能能充分地满足用户需求，以体现设计师的设计思维和概念设计的创新之处（图3.1）。

图 3.1　破风——折叠轻骑型头盔设计｜设计：宋搏文
该设计采用漩涡结构，结合空气动力学原理和可收纳折叠的几何结构概念，诠释了设计思维与产品概念的时间传递。

3.2　产品概念的元素捕捉

创造既是无生命的，又是有生命的。"生命"即蕴含于人类的思维活动与无限创造的诉求。不同地域、不同国度的文化沉淀，都已打上了人类精神意识的烙印，将原发的自然启迪与创意转换所形成的独特魅力是摆在我们面前全新的理念。在设计过程中，我们

要善于挖掘与捕捉简洁又富于人情味的形态、悦目又不失美观的形态、结构与艺术高度结合的创想。意象表达这一过程最为重要的就是寻求捕捉点的定位,其灵魂就是创意。

创意源于自然与社会的启迪(图3.2),从自然与社会中汲取创造灵感,是我们寻找的依据。我们探索创意根源的过程,也是对自然与社会现象由外到内、由表及里地理解的过程。只有通过不断地去探索和发现一些奇异的自然与社会现象,才能真正地理解产品的内外部结构,才能表现物象的本质,深刻体会我们所处的自然与社会中的无限奥妙。

图 3.2 腕表 | 设计:Dennis Johann Mueller

创意灵感是人脑中敏感机能的转化,通过大脑细胞里的偶然记忆,寻找契机推进梦想的实施,随之呈现出一种气象的释放。在创意灵感中,我们要运用全新的思维来引领和贯穿,以求新、求异、求变、求不同,来寻求突破,即"创意元素的捕捉"。

在训练中,我们要善于捕捉和提取创作对象的本质特征(图3.3、图3.4),因为对象本质特征是构成意象表达中所创造物象的关键因素。如果没有抓住物象最典型性的形体特

征就盲目而无目的地随意拼凑,则会失去物象聚集的意义,使其形式变得空洞无味,也就无法触及意象表达的实质。

图 3.3 产品创意捕捉

图 3.4 "偷油鼠"厨房集油器 | 学生:周桐

图 3.4　"偷油鼠"厨房集油器（续）｜学生：周桐

在倒空的油瓶、用完的番茄酱瓶中，黏稠的液体往往不容易倒出。将民间故事《小老鼠偷油吃》中的造型抽象化，将没有使用干净的油瓶或调料瓶倒置在"小老鼠"嘴上，液体会从"小老鼠"胡须的缝隙中流到小碟里，让厨具更具形态化、趣味化、实用化。

3.3　产品概念的心理感知

产品设计是主观对客观物象的感悟和认知而产生的一种心理感知。意识形态、文化和情感思维都是我们的心理感知。从产品概念设计的角度来看，心理的存在形式是创意，创意的存在形式是心理。人不仅具有视觉、听觉、嗅觉、味觉、触觉五种基本感官，而且具有对未来的预感。心理感知是指用心去看世界、去感触世界，是超越五感的一种机体模糊的心理感知，也被称为人体的"第六感觉"。以心理感知去构成产品设计的表达，在概念形态转化过程中聚合联想、激活思维、感悟形式，可以提高产品概念设计的表现能力。

心理感知是我们对客观外在概念在内心表象的联想与品格的定位，是超越时空的意识。通过感知语言的"表达"，可以传递出心理感知，而得到的就是所谓的概念表达。概念表达不仅描述了艺术创作的特征，而且与人格气质和艺术修养有着无法割舍的关联。因此，概念表达是一种依赖于自然形象的正式结构，是以联想和寓意独立存在为媒介，通过自然形象进行联想的心理感知（图 3.5、图 3.6）。

图 3.5　冰鱼缸｜设计：色鑫

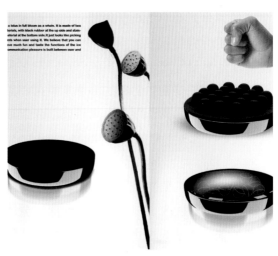

图 3.6　莲藕制冰盒｜设计：色鑫

可以说，创造是人类的思维意向的超越，同时又符合审美形式感。著名的艺术心理学家鲁道夫·阿恩海姆曾说过："感知和思维是两种截然不同的能力。"这明确地表明，感知是对物体对象的记忆和模仿，而思维是需要进行筛选和整理后才具有的创造力的表现，只有通过这样的思维创造，才可以进一步发现物体对象更为深层的表现因素，以及事物内在的潜因和价值。

3.4　产品概念的设计构思

一个产品概念的定位，构思是至关重要的，它是瞬间闪现的灵感转为图形的过程，它是概念设计中概念形态归纳与提取的关键，这一过程启发我们对概念形式进行重新认定。不同的构思拓展了不同的概念思维。概念思维的特点就是归纳、提炼、概括、简化，从而形成形式化的构思的整合，其简洁畅快和赋予意义的概念表达，更加增强了产品概念设计中概念创意的启发。

为了便于全面地观察、分析、研究物象的概念推导，我们的大脑需要确立一个明确的构思基准，将所要表现的概念形体进行合理规划。因此，我们提倡时刻要建立整体观念和构成意识，因为这样能帮助学习者在概念形式语言表现中进行创意构思，探索概念蕴含的本质语言。在概念设计表达中，每个人对产品的构成关系和主题风格都会有着不同的理解，这就要求我们必须掌握灵活的构思和形体的变化来推进抽象形式的不同维度。通常为了达到某种设计目的或表达意图，人们会

采取一些具有特殊表现力的概念形体来进行相关创作（图 3.7）。

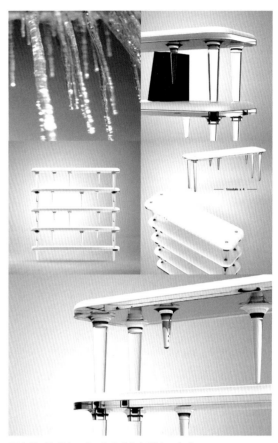

图 3.7　Melting Bookshelf｜设计：色鑫

我们在进行概念设计的创作过程中，需要进行画面主观表现的可能性训练（图 3.8、图 3.9）。在设计创作中，我们不要以程式化的构思方法来解读产品概念设计，因为概念设计在很大程度上是一个从不成熟到成熟的设计构思过程，在构思方式上没有任何的限定，可依据个体的思维再现、创作意图、表现手段和表现形式等具体实施。产品概念设计的构思通常从两个视角切入：一是产品设计要满足人们的物质需求，创造未来更自由的产品使用体验；二是产品设计要满足人们的精神需求，创造未来更丰富的产品情感体验。

图 3.8　户外便携炊具设计 | 设计：邢畅
该设计以圆滑的纺缍体形态构建，操作方便快捷，空间构造巧妙，集野营灯、野营炉、野营锅和野餐具于一体，是一套非常好的户外旅行装备。

产品概念设计在平面的介质上，利用不同的绘制方法，以形式美的基本原理为准则，以观念、思维、情绪等主观活动为思维主导，以追求极致的表现方式对客观对象和主观创意的形式特征、材质特征、色度特征、空间关系、透视关系、审美特征等进行提取和置换，用来促进概念创造中形象思维的积极运转，进行思维空间的多维扩展。因此，进一步加强对产品概念设计的深刻理解和精准对接，对推进今后产品设计构想的深度、广度和对产品设计构想进行完善起着非常重要的衔接作用。

图 3.9　概念理发梳 | 设计：王公卓

3.5　产品概念的造型特征

产品概念设计的外观造型是思维的发散与整合，是指利用创造意识进行不断思考与完善，在感性认识与创造凝练的基础上，偏重于理性的思维判断和推理，以寻找和优化其共性认知。

产品造型可以说是产品外观的别名，也就是我们经常提到的产品形式（图 3.10）。形是构成形态的必要元素，不仅包括产品外在的形体、外貌，而且包括产品内在的结构形式。产品造型是审视产品对象和彰显外观的直接诠释，是人们认识产品对象的本质和内在规律时必须要跨越的桥梁。

在产品概念设计中，造型创意是设计实施的初始阶段，其目标是获得能令人悦目的产品形式或形状。可以说，产品造型创意设计是产品整个设计过程中一个非常重要的阶段，这一阶段高度地体现了设计的艺术性、创造性及设计师的经验性。产品造型创意设计主要集合了功能设计、原理设计、布局设计、形状设计和结构设计五个部分，它们之间是相互依赖、相互影响的存在关系。虽然在设计实施过程中，五个部分存在一定的阶段性和相对独立性，但根据设计类型的不同，每个部分又往往具有侧重性。

图 3.10　"花瓣"多媒体音响｜设计：柳丁赫
该设计的灵感来源于"绽放的花朵"，四片"花瓣"分别是一个屏幕、两个喇叭和一个控制面板，中间的旋钮如"花蕊"一般融入整体。该音响以可摆放、悬挂的置物方式介入，贴近人们的使用习惯和审美，其简约、创新的设计风格，更是给人一种耳目一新的感觉。

造型特征基于情感因素和文化背景，成为寻找创意时必须要抓住的要点，我们要做的就是思考再思考，如何在固有思维特性的基础上加以发挥，得到新的行为理念或新的面貌展现。产品的造型创意方法多种多样，并没有特定的模式和方法，要因人而异，但贵在挖掘创意点。但是，所有的创意都来自对生活的细心观察，所以回归生活、体验生活是最有效的方法（图 3.11）。

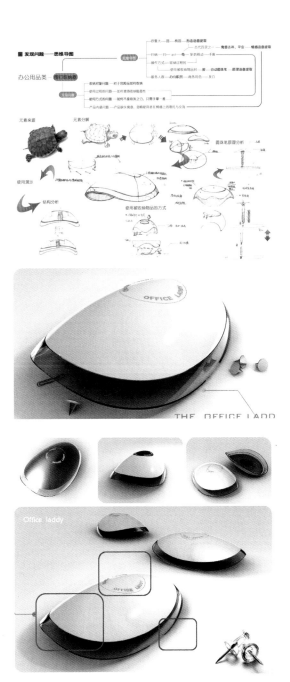

图 3.11　图钉收纳器｜设计：张婷

产品概念设计可以说是一种理想形式的产品体现，在造型上具有理想化、概括性、前卫性、夸张性的特点，而且具有以下特性：

（1）创新性。概念设计的核心是创新，可以说，创新是概念设计的灵魂。概念设计是产品设计中创造性的设计活动，其目的是探索设计的无限可能性，从而引导出诸多具有独特视角的创意元素（图 3.12）。如果没有新颖而独特的外观创造与创新注入，设计就失去了意义，产品就失去了生命力，这是产品设计师必须重点思考的问题。

维在不断地跳跃。同时，还要从设计对象的特点入手，运用发散思维创造性地解决问题，为产品概念设计奠定基础。

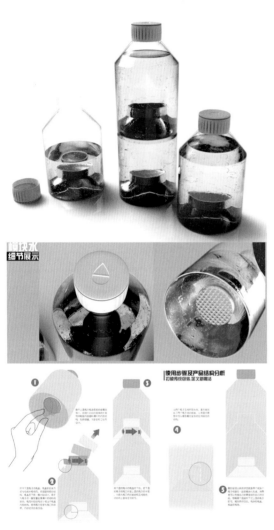

图 3.12　模块化瓶子 | 设计：董翼豪

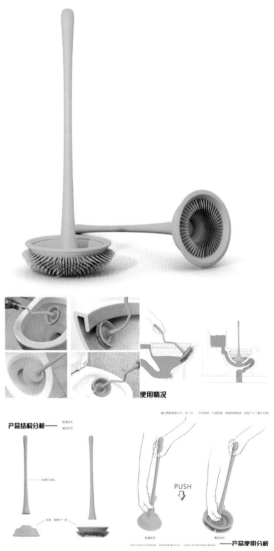

图 3.13　坐便器疏通清洁工具 | 设计：李子瑶
该设计集用于坐便器清洁的毛刷和疏通的皮搋子于一体。外翻的毛刷可轻松地清洁死角的污垢；在疏通堵塞的坐便器的时候，操作手柄下端实现翻转，即呈现疏通状态。

（2）多维性。产品概念设计是一项复杂的设计工作（图 3.13），涉及社会需求分析、产品设计定位、产品功能定义、产品模型样机、生产结构设计等多个设计环节。尤其在概念设计的外观创意阶段，要进行非常规的设想，来推进多层次、多维度的反复思考与重新布局，给想象力的发挥提供更多可能，促使思

（3）综合性。产品概念的外观设计是集概念、功能、技术三个方面于一体的综合性交融。任何产品的概念提出，都需要综合市场调查、需求分析、产品比较等多项研究来验证其外

观造型的可实施路径，进而做出准确的市场预测。在此情况下，产品概念设计必须具备一定的综合性认知，围绕产品功能验证相互关系的合理存在，并运用成熟的技术平台，赋予产品使用价值（图 3.14）。

受科技的制约，而概念设计反过来又可以大胆地超越现实产品的构想，对科技提出新的要求（图 3.15）。

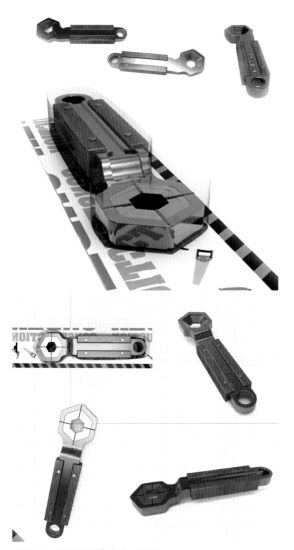

图 3.14　新型扳手 | 设计：贾鹏

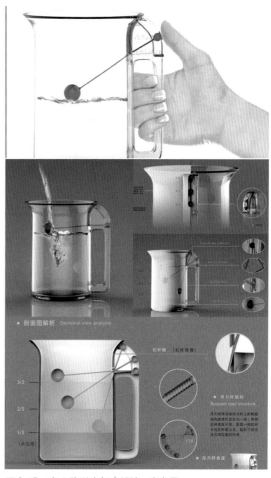

图 3.15　盲人防溢水杯 | 设计：宁冬雪
该设计利用了内置浮力球遇水漂浮的原理；同时，利用杠杆原理将浮力杆嵌至杯体内。盲人倒水时，可以通过感受小浮力球运动的位置来判断所注入水的多少，在方便控制饮水量的同时，还可以防止水溢出。

（4）科学性。科学性是指产品设计活动必须在科学理论的指导下，遵循现代科技、信息的程序，运用科学思维方法来进行创造的决策行为准则。"科技创造价值，设计成就未来"，在概念设计中，科技的作用是具有决定性的。概念产品的外观设计在一定程度上

（5）实验性。概念设计本身就是对未来产品的前瞻创想与探索，无论是产品形态、产品功能还是产品技术等诸多因素，都是设计师在观念推理和意识提升的客观情况下对未来产品的一种设想与规划。因此，概念设计的实验性特性存在极大的不确定性（图 3.16）。

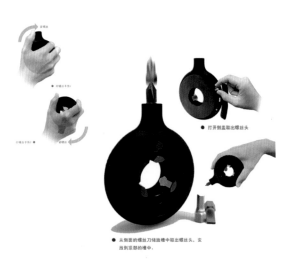

图 3.16　概念万能扳手｜设计：陈居东

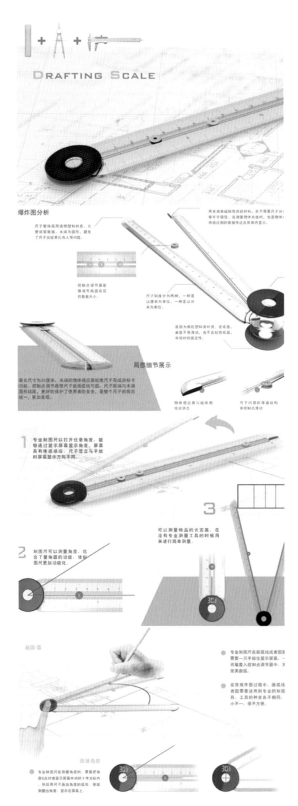

图 3.17　专业制图尺｜设计：刘倩
该设计融合了直尺、圆规和游标卡尺的特定功能，以一物
多用的概念设计理念，为设计师在制图过程中的工具使用
方式带来了新的诠释。

（6）多样性。概念产品相比一般产品而言，其表达方式具有形式多样化的特点，而概念设计的多样性主要体现在设计路径和设计方案的多样化上。不同的市场需求、不同的目标对象、不同的功能定义、不同的工作原理、不同的产品形式等，都将呈现出完全不同的设计思想和设计方法，这就需要充分利用思维的拓展空间，从众多造型因素中抽取出共同的、本质性的特征，在产品概念设计实施中提出不同的解决方案（图 3.17）。

3.6　产品概念的性格提炼

说到产品设计的品质，就不得不提到产品性格，从根本上来说，一旦产品概念生成就确定了产品的性格。如果说产品的功能属性是一种必然，那么产品性格的定位就是一种必然的存在，这种必然性源于产品自身的使用特性与特定环境的定位。"性格"在以往的代名词就是"个性"，但个性已经成为多样化中的一个诉求，只能表达设计本质属性的部分载体，即"其中之一"；而更深层的诉求就是诉诸整个设计的变化，也就是说，一个产品的设计创新和品质提升需要更多的性格来表露。

任何一种产品的问世，无论是外在的形态还是内质的结构，都有其归属的性格特征（图 3.18）。概念设计的性格特征是锁定创意的源泉、整合思维的品质，带来了可追溯的历程，也就是常说的产品给受众人群所带来的行为导向和纵深体验，而不是浅尝辄止的个性诉求。

图 3.18　生态桌面 | 设计：杨航
该设计围绕"生长、环保、可循环"的生态设计进行思考，将植物、动物的形象和生活用品融合在一起，使儿童产生亲近物品的欲望，用以激发儿童科学环保的意识和想象力。

一件好的产品概念设计的出现，可以从多种角度来衡量和评价它的归属：从形式角度出发，归于形式；从功能角度出发，归于功能；从观念角度出发，可终于观念。任何富有创造性的产品设计都必然渗透、交织和表现出独特的性格魅力，而这种性格的提炼，正是设计与艺术互相渗透、互相补充、互相启发的融合。

产品性格通常会呈现为作品的一种气象，而这种气象又难以用一种风格或者一种具体的词汇去概括。如果没有对艺术的深刻认识，创想的概念是不会成为真正有创造力和感染力的产品设计，可以说产品性格的定位是一种悟性的感召、审美规律的勾画和创造（图 3.19、图 3.20）。以心灵感应心灵，以感情赢得感情，设计创新与产品性格之间从一开始就有一座相衔互济的桥梁来牵引，这正是产品概念设计中的审美、直觉和想象的延续、传播、交融和整合。

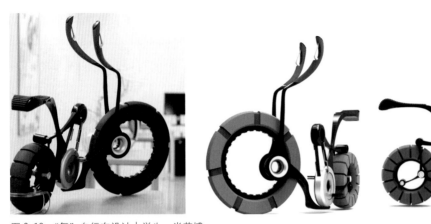

图 3.19 "舞"自行车设计 | 学生:尚艺博

"舞"自行车设计带来了可追溯的历程,它是工业化历程的回归,在机械时代的消点中应运而生,就像一名舞者翩翩起舞时的淡定和飘逸。在该设计中,履带式的结构穿插无所不在地彰显着运动下的机械美,圆的巧妙运用带动灵感的挥发,黑灰色调的搭配在净雅之中收敛着人们的视线。应该说,"舞"自行车设计的出现颇具思维意识和挑战意识,它不仅仅是对传统审美的缅怀和回味,更是在操控体验中冲击着人类意识与行为模式的再转变。

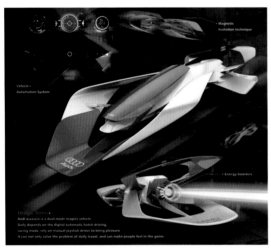

图 3.20 Assassin | 设计:李佩洋

3.7 产品概念的思维拓展

在概念设计中,创意与思维密切相关,创意是思维的前导,产品是创意思维的结果。产品概念设计就是要培养设计师应用和开发想象的能动性,以主动意识形成对未知领域的自觉探求,即创造意识;同时,以手脑结合的联动意识来支撑和培养技能的熟练掌握,达到对于视觉信息进行有效表达的目的。

创造性思维是概念产品设计的基础与核心,是一种基于现有知识和经验的思维方式。产品的概念设计要求设计师选择特定的视角来研究设计问题,从而产生新的发现,并从新发现的设计中进步,以及找到新的和独特的解决问题的方案。

世界是丰富多彩的,产品概念设计是一种想象的思维活动,可以是对事物的幻想,也可以是无中生有的想象,是人类与生俱来的思维能力。丰富的联想根源于逆向思维的发散,如果我们对常态中的事物进行反向观察和逆向思考,就会打破常规观念,以崭新的联想产生新奇的视觉感受,从而激发自己的想象力。在产品概念设计中运用创造性思维,就是要求我们要摆脱习惯和固化定式,运用非常规的逆向思维来营造丰富的联想(图 3.21)。可以说,激发联想思维、挖掘个性、推进意识是打开"概念设计"大门的金钥匙。

图 3.21　Water Cycle 净水器 | 设计：葛云睿
Water Cycle 净水器的使用方式非常简单，将外壳取下后翻转并将净水器置于外壳上，瞬间变成储水设备。将顶盖旋转后，倒入需要净化的水，接着旋转顶盖向下按压，经过分层过滤后得到纯净水。

产品概念设计所使用的创造性思维是具有明确目的的积极思维。它是高层次思维的复杂形式，也是多种思维形式的复杂运动。在现阶段，产品概念设计的思维拓展与释放有其自身的特点。

3.7.1　独立性

独立性主要表现在产品概念设计不受外部环境、固有知识、传统经验的干扰和限制。概念设计创造性思维通常都是以"反常规"的视角出现，其概念往往在初期不被大众理解与接受，常常表现为自我否定，打破自我思维的固有模式，进而产生新的思维（图 3.22、图 3.23）。

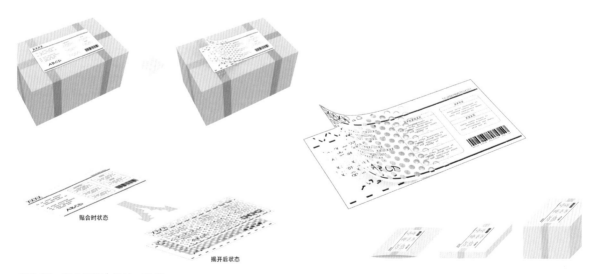

图 3.22　安全纸张 | 设计：孙禹
安全纸张由两层组成，上层纸张布满圆形孔洞，下层纸张正常，两层纸张胶合。印刷后，如需要将纸张上的信息销毁，撕下上层即可。撕下上层后，信息分别残留在上下两层，但都不完整，凭借任意一张纸都无法获取有效信息，从而达到销毁信息的目的。

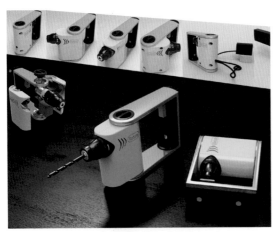

图 3.23　Rotate 折叠手电钻 | 设计：李洋
Rotate 折叠手电钻带来的是一种新的便携体验，它的折叠
功能体现在把手的一端设有活动旋钮，通过把手以简单、
轻松的操作方式可达到使用与收纳的目的。

3.7.2　全新性

全新性决定了产品概念设计创造性思维的价
值取向。它要求设计师跳出日常思维的模式，
将思维跳跃到一个更高的层面去思考问题，
把概念思维置于当今乃至未来科技发展的最
前沿（图 3.24、图 3.25）。

图 3.24　蓝牙音箱 | 学生：张馨月
该设计的形态灵感来源于"牵牛花"，区别于以往的音箱形
态，其造型呈喇叭状并向上延展，外壳使用的透明材质具
有通透性，使设计锦上添花，让人产生耳目一新的感觉。

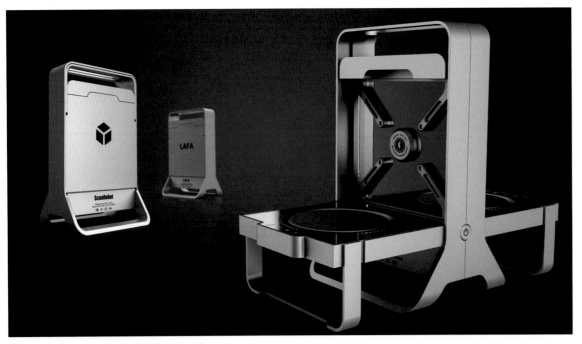

图 3.25　ScanRobot 扫描机器人 | 学生：潘月
ScanRobot 扫描机器人是一款便携式的 3D 折叠扫描仪，设有四个激光发射器和一个摄像头，通过转盘匀速转动，对被扫描物
体进行 360° 扫描，配合高像素图像传感器将被扫描物体的外形特征进行记录并生成数据，最后转成 STL 格式的文件。

图 3.26　角式空调｜设计：于佳健
挂式空调的悬挂和出风方式通常比较单一，而该设计打破了直线条的空调形式，以墙角为依托设计出弧式结构的挂式空调，能有效地节约空间，而且这种角度的悬挂可使空气扩散迅速，又能有效地扩大吹风面积。

图 3.27　便携式移动炊具｜设计：倪姗
这款户外组合炊具与一般炊具不同的是，它同时具备煎、煮、烤、炒的烹饪功能，以模块化的方式组合，在使用时可拆分为大小两组锅和炉灶。而且，其三角架结构的设计可使炊具摆放在任意地形上，使用完后收纳为一个整体，可以手提或车载，方便携带。这是从满足户外饮食需求到提高饮食质量的一个设计项目，这套炊具简直是一位"户外美食家"。

3.7.3　求异性

"求异"就是打造不同点，创造性思维中的求异性可以让设计师在概念发散中呈现出尽可能多的独特的、新颖的创意思维。可见，创造性思维的求异性对概念产品设计也是非常重要的。只有新颖的设计，才会在众多设计中闪烁出与众不同的光芒，也只有这样才能迈出产品概念被人的情感欣然接受的第一步（图 3.26、图 3.27）。

3.8　产品概念的热点关注

产品概念设计的终极目的是开发新产品，而新产品必须满足人们在未来生活中不断涌现的各类需求，这是产品概念设计的基本牵引力，要求产品概念设计要以用户需求为重要的设计依据。

产品概念设计是一种创造性的过程，推动着不同层次的造物展开，关注的是未来的产品发展方向、人类生活品质与方式的渴求，强调以人的需求为中心进行概念产品的设计构思。设计创造的推进与完善构成了新的创造活动，产生和满足了新的需要，产品概念设计在此基础上引入了当下设计界最为关注的新观念，即科技创新与可持续设计，而这一观念正是当下人所关注的热点。

科技创新可以推动概念设计不断地快速发展，尝试以最新的技术应用来完善未来的产品设计，给人们以最新的产品感观。科技的快速发展和人类生活的需求是相辅相成的，科技带动了人们生活品质的提升，更激发了未来需求的产生。这让我们不得不思考，如何运用概念设计的迸发潮流，让最新科技走进我们的生活（图 3.28、图 3.29）。也就是说，与概念设计关系密切的科学技术都是设计师所要密切关注的动向，如信息存储技术、信息呈现技术、输入交互技术、GPS 技术、电子媒体技术、感应技术与生物识别技术等。

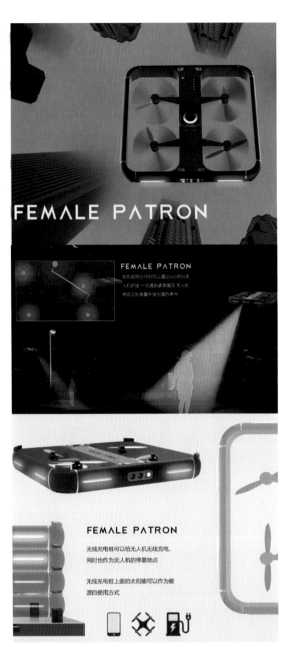

图 3.29　FEMALE PATRON｜学生：赵一霖

绿色生活、绿色设计、绿色环保的可持续发展理念已成为国际上设计行业的热门话题。可持续设计可以说是产品设计的最终归宿，无论是产品概念设计还是其他类别的设计，产品设计始终都不能摒弃对人类所居住环境的保护职责（图 3.30）。产品概念设计的无限未来是值得我们深思的，只有所有的设计都是以人的需求为中心，人类的各项需求才能得到满足。

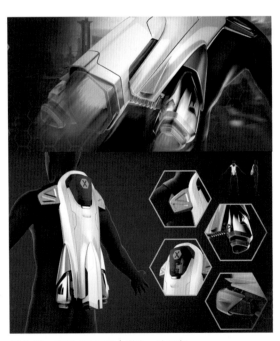

图 3.28　背包式飞行器｜学生：孙天宇

图 3.30　组合柜设计 ｜ 学生：祁哲
在该设计中，简单的几何形体是创想的源泉，也是设计的起点。一件好作品的出现，其体现的社会价值要远远大于其本身的固有价值。设计的产品要为人所用，一切要以人的心理趋向为核心，抓住人与物的共性，才能让它达到一个新的起点。该组合柜由一个可以纵向伸缩调节的收纳架和多个自由组合单体构成，其运用的环保绿色的硬纸板材质可轻松更换与取放，而且塑料连接件与金属支架的介入，更为该设计的推广提供了前瞻性的理念。

3.9　产品概念的成果应用

概念设计的发展由两大因素需求牵引技术推进，所有的一切构思和设计都是为了满足需求，而技术则可以推动概念设计以最新的面貌出现在人们的面前。概念设计的构思需要从需求入手去挖掘思路，并应用最新的技术来达成未来的产品设计目的。

就产品概念设计而言，我们无法用一个固定的逻辑思维去解释不同的问题，但不同产品的概念生成所展现的前沿性、先进性、引领性，必然是科学技术、材料工艺、最终成果的集中体现，是产品设计发展过程中的支撑和依托。可以明确地说，需求是根本，技术是辅助手段。在具体应用中，产品概念设计可以概括为：

（1）从"概念的角度"对产品进行深度和广度的全新挖潜与革新。
（2）围绕新科技、新材料的更迭，挖掘和打造其最优发挥。
（3）从人与人、人与产品、人与环境、人与社会、人与自然之间的和谐关系入手，开发前所未有的前瞻性的产品。

在相关课程教学中，组织教师、学生参与国内外各类高水准的专业赛事，打造具有国际视野的专业人才，是集培养能力、提高素质于一体的设计创新与实践应用的重要途径。通过开展赛事活动，不仅提高了教师的综合素质和专业技能，而且拓宽了学生的视野，增加了学生获取专业知识的渠道（图 3.31）。通过这种方式，可以检验我们的教学研究成果，推广最新成果，继而为推进"中国制造"向"中国设计"快速转型提供动力和导向。

Waterwheel Filter

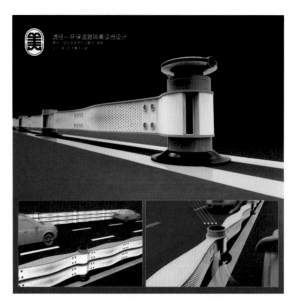

便携风力发电机

Re-leaf

Portable TPR
Car-rescue-track

Fish Mail

reddot award
best of the best 2013

KAMA
小型挖掘机概念设计
设计：杜海英 颜海权 赵妍 杜苋

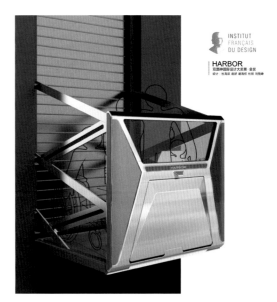

INSTITUT
FRANÇAIS
DU DESIGN

HARBOR
双屏神国际设计大奖赛·金奖
设计：杜海英 赵妍 颜海权 杜苋 刘雪静

节式螺丝刀设计
设计：蒙文氏 孙强 王超静 孙禹 黄安娜 田雷

huanghai DD611 OKEVI physical coach
设计：杜海英 颜海权 赵妍 刘雪静 杜苋

reddot award
winner 2011

90 DEGREE
设计：颜海权 赵妍

reddot award
winner 2018

Moveable Isolation Strip
设计：蒙文氏 孙强 杜丽萱 刘志蕾

Moveable
Isolation Strip

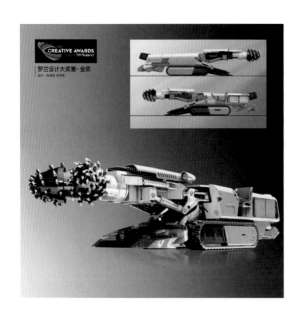

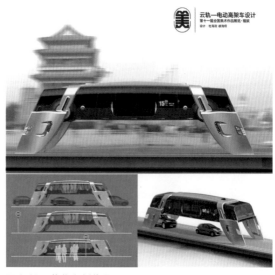

图 3.31　获奖案例作品

产品设计类的国际大赛主要有德国 iF、德国红点设计大奖、美国 IDEA、意大利 A' Design、日本 G Mark、中国红星奖等，内容涵盖了产品设计的创新程度、设计品质、实用性、通用性、持久性、周密性、功能性、适用性、材料性、安全性、社会性等。

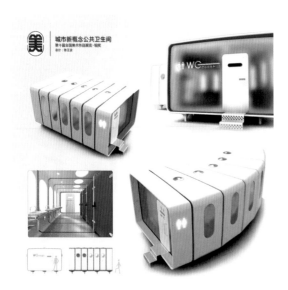

本章思考题

（1）谈一谈自己对概念设计的认识。

（2）如何通过有效的方法获取设计概念？

（3）设计概念如何转化为有意义的概念设计？

（4）如何将设计需求转化为有意义的设计概念？

（5）谈一谈概念设计对未来生活的引领作用。

第 4 章
产品创新设计

本章要点

- 创新能力的培养。
- 创新设计的思维。
- 创新设计的风格。
- 创新设计的构思。
- 创新设计的多元链接。

本章引言

创新设计是指充分发挥设计者的创造力和想象力，利用已有的相关科技成果进行创新构思，设计出具有科学性、创造性、新颖性及实用成果性的一种实践活动。具体来说，产品创新设计是"创新"与"产品设计"的交叉融合。设计是产品创新的重要环节和手段，而创新则是产品设计的重要组成部分与目标。可以说，创新已经渗透到每一个设计环节，它是推进设计项目完成的强劲驱动力。本章内容侧重于如何提升设计创新能力，增强对设计创新的认识，在信息化的大数据时代融合前沿科技，创造性地运用创新设计思维激发创造灵感，以前所未有的、新颖独特的产品创意视角和表达方式，贯彻"创新、协调、绿色、开放、共享"的发展理念，以便设计出更多、更好的产品来服务未来生活。

设计创意是一个反复知解的过程，是一种将人的思想赋予人的活动的工作，将所有的自然物与人造物赋予美好的目的并加以实现，既是真善美的体现，也是对独特的文化态度认知和逻辑推演的评判。通过对产品设计表达多重属性的引导与规划，运用思维上的创新，可以激发人们对创造灵感的不断挖掘、不断理解、不断发挥，并以一种开放的视野去寻求创新点的定位、链接产品设计的思维超越、构建特定风格特征下品质印象的导入，即创造前所未有的、新颖独特的产品创意视角和表达方式。

目标。可以说，创新已经渗透到设计每一个环节，它是推进设计项目完成的强劲驱动力。

创新更是历史进步的动力、时代发展的关键。在科技高速发展的今天，一切企业活动的核心和出发点是企业赖以生存和发展的基础，也可以明确地说，产品创新设计是企业生存与发展的根本（图4.1、图4.2）。党的十八届五中全会提出的创新、协调、绿色、开放、共享的"五大发展理念"中，明确地把创新提到首要位置，作为引领时代发展的方向和要求，给社会各个层面的产品创新设计的发展注入了强劲动力。

4.1 何为产品创新设计

产品创新是指新产品在经济领域中的成功运用，包括对现有要素进行重新组合而形成具有突破性的产品设计活动。具体来说，产品创新是一个创造性的综合信息处理过程，包括新产品的研究开发过程和商业化的扩散过程。也可以理解为，它是将人的某种目的或需要转换为一个具体的物体或工具的过程，并采用一种目标计划、规划设想、问题解决的方法，通过具体的操作，以理想的方式表达出实施过程。

创新设计是指充分发挥设计师的创造力和想象力，利用已有的相关科技成果进行创新构思，设计出具有科学性、创造性、新颖性及实用成果性的一种实践活动。具体来说，产品创新设计是"创新"与"产品设计"的交叉融合。设计是产品创新的重要环节和手段，而创新则是产品设计的重要组成部分与

图 4.1　大疆创新科技产品

大疆创新科技有限公司已发展成为空间智能时代的技术、影像和教育方案引领者，其业务从无人机系统拓展至多元化产品体系，在无人机、手持影像系统、机器人教育等多个领域，成为全球领先的品牌，以一流的技术产品重新定义了"中国制造"的内涵，并在更多前沿领域不断革新产品与解决方案。

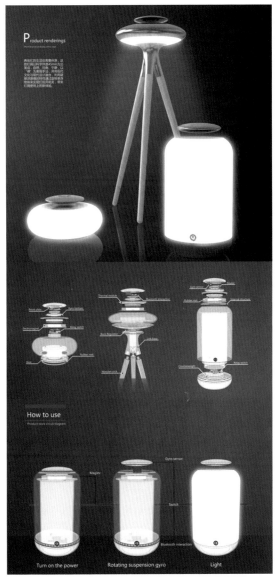

图 4.2　磁悬浮工作灯 | 设计：张松涛
再匆忙的生活也需要休息，该设计以科学休息的 45min 为出发点，在自然、均衡、宁静的背景下，以"禅"为表现手法，将现代文化与现代设计融合，利用磁悬浮原理来实现灯的开启，带来生活的新体验。

4.2　产品创新设计的思维推进

产品创新设计是产品设计的延展，也是学习产品设计的聚焦点。创新设计的呈现就是让人的思维转变的过程，要学会将创想物回归原点来进行设计创新，巧用设计理论来让创

想合理化是至关重要的。在不同设计领域，产品创新设计的侧重点要有所区别，可根据不同个体的需求去学习创新设计、领会创新设计、挖掘创新设计、根植于创新设计。

要进行产品设计创新能力的培养，并非让学习者凭空臆造，而仍应以"自然"为师，去挖掘潜质（图 4.3、图 4.4）。灵感的迸发需要依靠紧密的思维逻辑，把"自然"形式美作为研究对象，不能只满足于对产品外部特征的理解，而要由外而内透彻地分析产品本质，依托完整的逻辑思维体系，挖掘其外部与内部联动的组合形式，从新观念、思维转换、形式层面、功能层面、社会需求、科技体验等多个视角进行思考。要运用微观的视角分析、解构产品的组织结构，与脑海中形成的灵感交融，共同捕捉"创新"的闪光点，以重构思维解析千变万化的产品创新的实质。

图 4.3　海康穿戴式美眼仪
该设计定位于眼睛长期水肿且易疲劳的人群，可以利用碎片的时间来护理眼部问题，其冷热交换的按摩方式可以有效地解决眼部浮肿、黑眼圈、眼睛疲劳等问题。

图 4.4　GECKO BOARD 仿生踏雪板｜学生：赵洪媛
该设计灵感来源于在极地奔跑的驯鹿和在墙壁上疾驰的壁虎。在雪地上行走时，这款踏雪板宽展的造型给人以厚重的安全感。鞋底的七颗钢钉可以牢牢地插入冰雪层，其设计模仿壁虎脚掌结构的防滑纹理，增大了板底与雪面的摩擦力，脚跟处的回力结构能够极大地保护穿戴者的关节，使穿戴者在雪地上行走时更加安全、省力。

图 4.5　微型投影仪｜设计：Joseph
该设计无缝衔接高质量视频和播客音频，可即时与手机或平板电脑连接，并且具有不引人注目的形式和简单精巧的界面，可轻松放在用户的口袋里。

4.2.1　新观念引领下的设计创新

设计观念本身并不是一个新的产物，在互联网、科技高速发展的当下，设计观念归根本位就是一种设计理念。它所关注的重点不再是"使用"本身，而是通过观察和理解用户心理、用户环境的双重作用下的使用行为，去设计一种真正能够融入用户生活并为他们所青睐的产品。

一个没有梦想的生命是不可能有激情的，同样，设计品质的迸发离不开心灵的触动（图 4.5）。在对物象进行理解和剖析时，要以灵感和朦胧的意识，推进新观念的有序展开。从使用功能、审美观念、视觉品质、情感互动和地域环境等多种角度进行系统的研究开发，关键是对设计研究中观念潜质的引发和拓展思路的引导，这就把创新观念推向最为实质的前沿。

在创新观念的提取与归纳的过程中，我们所领悟的本质比结果更为重要。新观念必将代替旧观念，新事物必将代替旧事物，这是任何事物发展的必然路径。我们应该尝试着打开思路，转变以往的观念，可以在不定式的思考中探寻目标，对抽象物体创造出一些实质性的突破与改变。这种搭接就是在用户与环境之间寻求契机，进行特定意味的创新观念搭接和引领。设计观念的挖掘主要体现为敢于提出与前人、众人不同的见解，敢于对似乎完美的现实事物提出怀疑，寻找更合理的解决方法。作为设计师，必须不断地进行自我充电，不断打破逐渐固化的思维模式，大胆地突破传统观念的束缚，以全新的观念去唤醒人们，给予人们向新的生活方向努力的目标（图 4.6、图 4.7）。

图 4.6　球形灭火器 | 设计：孙新茹

这款球形灭火器站在使用者的角度，充分考虑了使用过程中的便携操作与安全配置。它打破了传统的灭火器造型，配色以绿色为主，外观小巧灵活。在功能方面，这款灭火器在灭火的功能上附加了防毒面罩及灯光，进行了功能整合和使用方式的优化。

HOBIA OCEAN FINS

HOBIA-F

水陆两栖脚蹼

图 4.7　水陆两栖脚蹼 | 学生：刘宏彬

这款水陆两栖脚蹼在功能上以人的行为为导向，对短脚蹼进行了再设计，其亮点在于，游泳完毕后不必脱掉脚蹼就可直接上岸行走，使水下活动和水上活动能够无缝衔接。在造型和结构上，该设计以龙鱼为灵感，产品整体的延伸和扭动增加了流线型的美感，骨架的包裹又使产品拥有柔中带刚的辨识度；而且，骨架的延伸也保证了脚打水的稳定性，水延骨架结构向脚内侧流动，利用动力学原理可调整使用者的打水姿势。

观念是存在于人心里或思想里的一种感知物象的思维再现，把创新思维融入对自然的观察、感受、发觉和创造的过程中，锤炼由实体物象转换为诸多关系和信息交换的构成能力，最终形成具有特定意味的产品创新的表达，进而挖掘个人的创造潜力和提高审美感知。在这种训练方式中，原有固定思维的形态在创想中开始被减弱并互相混合，我们必须运用新观念不断地进行尝试，来创造意识行为下新的创新元素。这种观念上的重新"塑造"，其实也是对产品创新的要求，是一种真正意义上的观念和思维的创新表达。

4.2.2　思维转换去探寻创新方向

当前，设计所面对的核心价值不再是制造，而是其内在的"创新"属性，即创造性地解决问题的思维能力。创新设计就是把有颠覆性的思维变为现实的过程。通过对产品设计多重属性的引导与规划，运用思维上的创新技能，可以激发设计师对创造灵感的挖掘，并以一种开放的视野去寻求捕捉点的定位，构建特定风格特征下品质印象的导入，即创造前所未有的、新颖而有益的创新方式。产品创新本是一种无形的表象，但在思维的发散与整合中，利用意识思维的完善，在感性认知与设计实践的基础上，更偏重于理性的思维判断和推理，寻找和优化共性认知。这些思维往往是批判性的、离经叛道的、标新立异的，而如何把这种思维转变为我们所共识的现实产品，就是我们所思考的利用思维转换去探寻创新方向。

思维转换就是把两个或多个相关联或相对立的事物相互转化的思维过程，就是产品创新的一种直接的表现方式。创造性设计思维能力的培养和提高，将意味着打破一切可能或不可能的规则和限制，在设计实践过程中逐步形成多向度、多维度的思维方式。设计的过程既是一个突破自我的过程，又是一个转换思维角度和方向、更新思维观念及重新构建创新概念的过程。在思维转换过程中，对产品特征的了解感悟必须是多方向地提纯，使"迁想"得到"妙合"（图4.8～图4.10）。

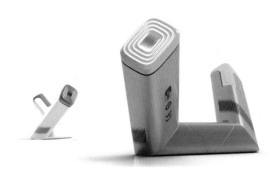

图4.8　语音翻译器｜学生：刘梦园

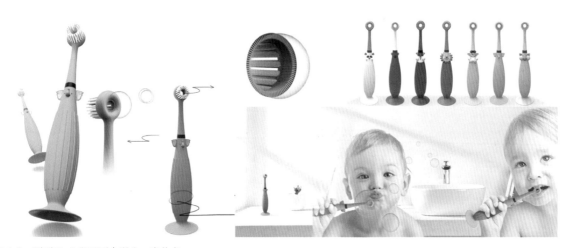

图4.9　"泡泡"儿童牙刷｜学生：李佳书
这款牙刷在刷头上做了创新，将刷头与吹泡泡相结合。在泡泡一次次消失的同时，孩子需要通过不断地刷牙产生泡液来吹泡泡，这样既增加了刷牙的乐趣，又解决了儿童刷牙时间短、不爱刷牙的问题。

图4.10　A-kike 便携电磁动力自行车｜学生：郭晓斐
基于视觉感官的跨越、折叠与收纳的便捷、下握车把的骑行方式，A-kike 便携电磁动力自行车可以说是对整合工艺技术和传统意识的一种尝试，在形式上大大超越了功能诉求，在外观品质和结构运用上独树一帜。这种别具一格的创意完全颠覆了传统自行车类产品给人的固有印象，也就是我们常说的产品给受众人群所带来的行为导向和纵深体验。该设计为自行车设计方向的引导与延展提供了更为广度的研究视角。

为了对产品创新有着更为深刻的理解，要对产品构思进行全新的发掘。在对产品对象的理解与分析过程中，聚集脑海中形成的概念创造出更多抽象的物象，在"创新"中打破产品固有模式在大脑中的束缚，运用产品设计所能聚合的诸多思维方法，产生"爆发点"的启迪，重新获取产品的一种崭新的生命力，从而让创新能力得到质的飞跃。

用设计创新的表现手段来创造意想不到的视觉样式，往往是我们的终极目标。在产品设计的创造过程中，创新的存在不仅是创意的启发，而且是"寓意"的传递，更是不断地发掘设计师的心理冲动，从中寻找共同点并提炼共同点，打造"不同点"来设计出新的产品形式。这样才能触动心境，对设计创新增加深入的了解。这一过程中最为重要的是寻求产品形式的定位，其灵魂就是设计创意，旨在构建外在视觉品质的创新体系，即创造前所未有的、新颖而有益的外观品质。

4.2.3 产品形式层面的整合创新

产品设计始终要遵循形式表现功能的原则，通过作用于产品的内在使用功能，使产品的外在形态实现了产品的使用价值。通过挖掘与捕捉简洁而又富于人情味的形态、悦目又不失庄重的色彩、实用与美观并重的结构、技术与艺术高度结合的创想，产品在被提炼、分解、归纳、抽象为某种具有本质特征的形式基础上，通过主观意识归纳出新颖、独特的产品形式，就是产品创意中的目标集合。

创新性要求产品形态不断突破，在视觉感知中，将两种及以上的物象提纯并以概念转换、质感替换、虚拟空间、意义合成等手法积极导入，整合于一个整体的形式创造，达到视觉形式上的彼此互换、彼此交融（图 4.11）。在观察、分析、研究客观物象特征的同时，要善于探寻思维的启发，以思维作为纽带，深度挖掘产品的形式特征，尽可能地发挥思维空间的意识创新。这是意识行为下的合理规划和进行"创新"的有效创造。

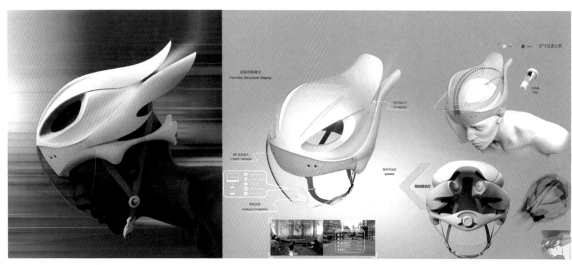

图 4.11 骑行头盔 | 学生：简豆豆

4.2.4　产品功能层面的设计创新

产品功能是由材料、结构和环境的复杂性决定的，是产品和使用者之间最基本的一个关系。由于产品的不断迭代，功能则成为决定形式的必然条件。在产品使用过程中，使用者基本都是通过产品的使用功能得到心理需求上的满足。

如果说产品的功能是一种必然性，那么创新思维的展现就是一种可能性的存在。产品功能源于产品自身的使用特性与特定环境的定位，它是人与环境、人与物之间多重营造的途径，是融合心与物的认知与体验，也是人类本身意义的复杂性和时代背景下多种可能的物化过程。通过这些思考，也就明确了产品创新的前提，进而通过把握创新原理、掌握创新法则、采用创新方法等方式辅助设计师有条理地提出创意新思考。

产品创新通常依赖于高新技术变革、新材料、新方法的出现，以此助推和探寻产品设计的创新目标。而在交织的各种关系中，功能创新是产品设计中最基本的创新思路，也是产品存在的核心价值；功能创新与形态创新必然是互相促进、相互交织的；也可以说，功能创新是技术创新的应用形式。

系统地研究分析产品是功能创新的主要方法。功能创新关键是功能整理，通过对分析对象的理解分析，明确对象功能的性质和相互关系，采用系统的观点将已经定义的功能加以系统化的调整和提纯，找出各局部功能相互之间的逻辑关系，并用图表形式表达，以明确产品的功能系统。

设计创新源于对生活的思考，是设计师通过潜在需求的捕捉和挖掘，创造性地提出产品的新功能，并在科学技术的支持下将这种创新功能实现在某种产品上的（图4.12～图4.14）。通常来说，产品的功能创新有两种方式：一种是原理突破型创新，就是因发现和探索新的自然规律、新的技术原理而产生的发明创造；另一种是组合型创新，它不在于原理的突破，而是利用已有的成熟技术或已存在的产品，通过合理的交融组合而形成新的创新产品。

图4.12　厨房消毒柜｜设计：盛诗頔
该设计由四块菜板、四把菜刀和两把擀面杖组成。菜板和菜刀都以不同的颜色和LOGO区分开，分别用于处理蔬菜、水果、海鲜和肉类，避免了交叉污染；收纳空间兼具分隔消毒、臭氧杀菌、烘干排湿的功能；按键操作集一键消毒、一键杀菌、一键烘干等智能化、集成化于一体进行设计。

图 4.13　Mac Mini
该设计将传统的桌面计算机带有机箱外壳的理念重新定义成用户交互中心控制器，将光标与多点触控 Touch Bar 结合在一起。它不仅仅是一台主机，用户还可以直接与它交互。这一概念设计的主要形式是将 Mac Mini 从之前单纯的背后或底层设计发展成一种外围设备，从触控屏幕的方便度到舒适度都进行了考虑。同时，除了 Touch Bar 触控之外，它甚至还集成了 Face ID 面部识别功能。

4.2.5　社会需求层面的品质创新

设计其实一直在以自己的形式触碰社会需求这一核心问题。产品设计的表达，着重分析物体对象的内质、精神、情感等多维因素给人的感受，以创造力和艺术思维能力作为手段，以付诸个体情感体验和意象表达为目的，始终进行令人匪夷所思的"品质"表达。品质创新是聚合审美素养和个性化的品质打造，旨在构建外在视觉品质的创造体系，即创造产品前所未有的、新颖而有益的外观品质。品质创新是创意思维训练中存在于人心里和思想上的一种感知，是设计师思维能力和创新能力的品质集合。

从某种意义上说，产品品质不断修正的过程，正是产品创新和凝炼的集合过程（图 4.15）。通过多重手段与思维的发散，深化设计再创新理念的研究，引导设计师将产品设计中分散繁杂的各部分功能、结构和审美特性进行重构与拼合，在不断的修正、补充、完善中升华设计创想，摆脱最初荒诞的臆想所带来的焦虑。

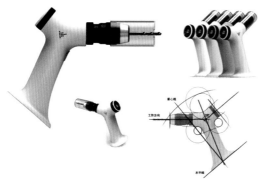

图 4.14　家用手电钻｜设计：孙天齐
该设计根据手电钻的工作形式，以一点出发找出钻头、手柄和装饰三条主线，以圆柱的形式设计为依托，以简洁的屏显传达出电量、挡位和工作方向三个信息，并配以防尘的多功能罩。

产品创新设计实际上是对设计内容的分解与综合的过程，也是设计品质不断修正的过程，

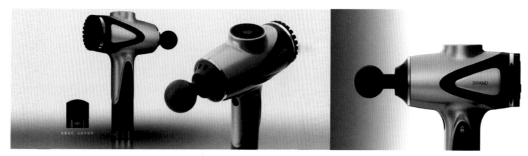

图 4.15　筋膜枪设计｜学生：李子瑶
该设计要求在满足功能、技术的前提下，融入感性工学并综合了力量与速度的元素进行设计，同时在配色及材料选择上进行创新，让筋膜枪的设计具备更多的可能性。

这个过程是流动的、客观的，也是随机的。设计已处于一个高度发展并有相当积累的现实，这种阐述正是从宏观角度诠释了人与社会统一的模式。面对设计研究中激情而新颖的创想，要用理性的思维评判和引导方案的实施，同时调用不同维度的感性思维来寻找各种替换物，对外观设计、高新科技、新型材料、结构功能等多方面进行不断完善与创新，并用设计的结果与潜藏的设计思维来影响这一过程的实施，继而在理智与感性交织中佐证设计品质。

设计是有形的，而品位是无形的，设计过程中要敢于怀疑、敢于创新，这种交织的判断要在一种理性的认知下来佐证（图4.16）。

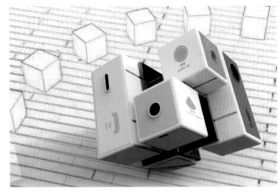

图4.16 魔方塑料瓶分类垃圾箱｜设计：李露
这是一款针对塑料瓶各个部件所用材质的不同而设计的分类垃圾箱。它的存在是为了倡导人们正确处理垃圾，提高环保意识。该分类垃圾箱的外形似魔方，色彩各异的垃圾分体箱可以在人们扔垃圾的过程中变换位置，从而增添了扔垃圾过程中的趣味性。

4.2.6　科技体验层面的设计创新

当前已进入信息化和服务型社会，面对信息、数据、智能、制造、服务、分享、社交、新能源、新生态组成的全新世界，科学技术作为社会发展的主导力量，在支配、启迪着设计创新跨越式的不断超越。科技创新推动着设计理念和设计思维的不断更新、产品种类与产品品质的不断提升，并赋予了产品设计内涵发展和创新动力，给产品设计注入了新鲜的血液和营养（图4.17～图4.19）。

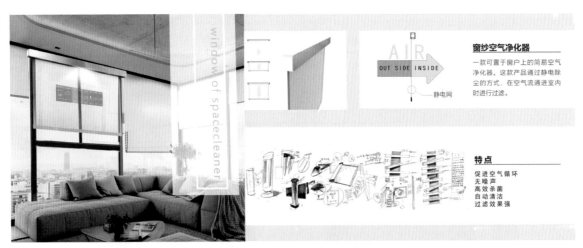

图4.17 窗纱空气净化器概念设计｜设计：金亚东
这是一款可置于窗户上的概念空气净化器，通过静电除尘的方式，在空气流进室内时进行过滤。

图 4.18　洗衣机设计 | 设计：王瑞琳
在权衡功能与加工工艺的前提下设计的这款外观方正简洁的多功能洗衣机，由上半部分的滚筒洗衣机和下半部分的波轮洗衣机组成，简洁的外观配合细节的处理增加了产品的耐看性。这款洗衣机操作简洁，省去了多余的操作按键并配以 UI 辅助操作界面，其简洁的设计让人们的生活更简单。

图 4.19　盲人导航器设计 | 学生：陆相至

科技体验层面的设计融合推动了产品创新设计的有序展开。产品设计有其特殊性，其结构既承担物理功能，又直接体现外观，设计呈现过程更多地是使用功能迭进。产品也随着科技的发展及人的需求和体验在不断更替，其形式和内涵便有着更多的可能性，所以传统的创新理念和思维将不再适应时代要求，并被覆盖式地修正和重构。只有创造新的观念、新的思路、新的体验满足，适时做出合理的思维转换，才能紧跟时代、超越时代，从而获得设计认同。这就明确了，在时代背景下，科技体验将是未来产品创新设计的主要方向。

图 4.20 雪地运输艇 | 学生：叶泽雨
南极科考站的物资运输是各国科考队面临的一项难题，因为受季节的影响，所以运输时间非常短暂。这款雪上运输艇能够快速在雪地行进，适用于在冰盖上搭载物资前行，其上端和尾端的推进单元能保证运输艇以最快的速度到达科考站。

在这个科技飞速发展的多元时代，设计师需要重新聚合与审定科技体验带给设计创新的牵引力，用自然科学之方法加以印证，通过创新思维和科学技术的结合大大改变了人们对产品设计在宏观与微观上的认识。创新表达不仅改变了人们的视野，而且改变了人们的视觉经验和审美意识，以扩散思维来激发创造活力，来启迪人们从新技术的角度对产品创新进行认知。当前也是用户需求与体验主导产品制造的时代，产品创新因科技的迅猛发展而产生了巨大的变化，如人工智能、大数据统计、3D 打印等新技术的实质推进，配合新的创意、思维理念融入产品设计，这是时代特征的续写（图 4.20）。

4.2.7 科技艺术层面的融合渗透

科技和文化的融合、科技和艺术的互变，对产品设计的延展来说，它们之间仅仅是主角色的互变，本质上还是维系着相互促进、共同发展的规律原则。新科技的出现，造就了新的设计艺术形式和方式，并引发设计艺术观念的变革；科技的进步为设计艺术的创新提供了新鲜血液，带动了设计艺术的发展。

科技与艺术的结合必然促使产品设计创新，科技确保了设计艺术实施的可能性，艺术则提供了让产品符合人的审美的途径。因此，科技与艺术的关系牵动着产品创新设计的拓展程度，它们之间的关系是密不可分的，科技与艺术的有效融合与渗透，实现了创新与发展的良性循环，使产品创新设计更加符合物质文明与精神文明下人类的发展需求。

在设计艺术领域，科技是实现设计艺术创作方式中产品形式、产品内涵、创造效能的创新，科技始终是设计艺术与产品设计的主流（图 4.21、图 4.22）。特别是 VR、AR、MR、AI 技术带来的革新设计渗透，为设计艺术不断提供新的表现形式、创作元素、创作手法和创作灵感。而设计艺术积极地融合科技，也极大地拓展了设计艺术的表现力。

图 4.21 智能产品 | 设计：朱希
该设计运用模块化设计，结合 VR 技术将投影仪、音箱和摄像头等智能化，在提高生活质量和增加趣味性的同时，利用语音控制和语义理解，赋予智能小产品深度的解读。

图 4.22　万 "无" 引力加湿器｜设计：苏可欣
为了满足人们的审美需求，视错觉被运用到产品设计领域，
这款加湿器为了在外观交互中获得更好的用户体验、使人
们在满足使用需求的前提下产生不同的感受，其底部设有
进气口，将雾化片和水泵散热闪光灯安装在中间，位于顶
部的出风口可以产生反重力的错觉，而且水柱倒流可以满
足人们对艺术的好奇心。

创新对于工业设计的发展来说，是永不停息
的驱动力，而科技创新对于产品设计的艺术
化进程来说，更是动力保障。具体来说，科
技创新不仅仅让产品的外观变得更精致、更
时尚，更重要的是让产品设计拥有了自主的
核心竞争力（图 4.23）。

（1）加快产品创新效能。科技创新作为设计
艺术的创新手段，驱使设计艺术探寻科技所
提供的创作方式和创作工具，使产品设计向
着高效便捷、手法多样、表现丰富的创作视
角延伸。

（2）实现产品内涵创新。在当下信息发展和
体验经济的社会环境下，设计艺术围绕科技
已经实现了产品的物理形态和体验内涵的横
纵向发展。产品设计的创新需要更多的科技
手段作为创作支持，这更催生了设计艺术产
品审美与文化内涵的创新。

（3）科技推动设计艺术的发展，科技理论引
领设计艺术理论与实践的创新。不断发展的
科技理论，推动着设计艺术理论与实践对人

们惯性思维的引导，产品设计已经出现以设
计艺术理论为目标导向、以用户为中心追随
最新科技的趋势。

图 4.23　"FIRE" 火焰加湿器｜设计：庞凯元
"FIRE" 火焰加湿器是一款突破了传统加湿器的全新设计作
品，它与大多数传统加湿器的水雾效果不同，运用了 3D 火
焰灯技术，使灯光与加湿器产生的水雾互相作用，让使用
者在视觉上看到一种不是水雾而是火焰的效果。在客厅或
卧室使用这款加湿器时，就像燃起一簇火苗，将一种温馨
的氛围带入生活中；同时，其外部水槽与内部水槽相连的
设计，使得水槽在蓄满水的情况下，有一部分水在外水槽
露出，形成一种水环绕着火的神奇视觉效果；而磁悬浮开
关的设计也让 "正念" 这一理念融入产品中，起到缓解焦
虑的作用。

4.3　产品创新设计的风格链接

产品创新与风格的血脉延续，以及文化观念、
技术创新、行为方式的时代特性，都是导致
人对产品创新价值不断改变的直接因素。产
品创新不是复制式重复，而是创造未来。风
格是一个抽象概念，是在特定的时间与地域
环境条件下逐渐形成的具有一定的共性与统

一性的样式，是时代烙印下特有的设计风格与时尚。产品风格体系是由若干个相互联系与相互依托的形态、功能、结构、美学、人因和特征等要素构成的集合体，是在满足人们对产品的物质功能和精神需求下，所呈现共同特征的集中体现，反映了产品给人带来的稳定而鲜明的认知风格。

产品风格是人类进化、科技进步、观念转变、历史演进和地域文化的转变和沉淀。在产品开发设计中，需要从不同风格的认知转换到新的视角来认识它的存在价值。但在设计创新中，产品风格的血脉延续直至脱胎换骨，取决于能否对其具有时代风格的造型细部和产品内在精神加以传承，并能融入新的设计思想，使创新与风格在时代的发展战略中有序推进。

4.3.1　产品设计风格的时代认知

产品设计风格具有时代性特征，其形成和发展受设计师所处时代的科技发展状况制约，它也是社会的设计艺术、文化地域、经济价值的综合体现。人们通过设计风格的认识，对产品外观特征的直觉感受，以及形态语义认知所表达的使用功能、操作方式、审美趣味的指向来深入地理解产品的内涵的，以此来判别产品风格。这是对产品价值在直觉、理性和感性之间转换的认同过程。

只有以时代风格下艺术语言融入人的情感，才能改变理性下的技术对人感知的情感惠顾。产品设计风格是直接服务于人的一种手段和方法，是建立与人的和谐关系对产品形象特征所产生的深刻印象，是人对产品的一种直接的

情感依赖。这是时代归属下人类的文化观念、审美意识、价值取向及设计思想在设计中的物化表现，进而使产品形象更具亲和力，拉近了人和产品的距离，并通过风格的聚合感受使产品的性能和品质变得易于接受和理解。

具有时代风格的设计都根植于当时的社会生活，所以当下许多创新设计是技术品质与外观形式的完美聚合，这是人对产品情感和观念品质认同的跨越式提高。产品的设计风格对技术品质、人文价值和情感认同的综合表现，就像它的效能价值一样，使人在感性思维与理性判断中得到完美的认知。

（1）设计风格被人们认为是艺术的变体与延伸体，它受所处时代科技各个因素的制约，每当科技有所突破，设计就有了广阔的施展空间。也就是说，设计风格是随着科技的发展而不断改进与提高（图4.24）。

图4.24　PETRICHOR加湿净化器组合｜学生：金思宇
仙人掌作为新晋绿植网红，在很多家居中都能看到它们的身影。这款设计分为加湿器和净化器，造型均模拟了仙人掌的形态，具有净化空气的作用，且具备语义和功能的双重暗示，比较容易让人产生洁净的联想。

（2）具有时代性设计风格的形成，是该时代的人的文化观念、审美意识、价值取向及设计思想在设计中的物化表现，也是人们抽象思维和情感体验、科学技术和人文环境的直接结合，从而促进文化的加速发展（图4.25）。

图 4.25　鸟鸣水壶｜设计：Michael Graves
美国著名建筑师 Michael Graves 在 1985 年为意大利品牌 Alessi 设计了一款价格适中的 9093 不锈钢茶壶，其特别之处在于壶嘴末端设计一个红色的鸟形哨子。这款设计在后现代的奇思怪想和现代的严肃认真之间搭建了一座桥梁，并兼顾两者，而且其在现代主义的本质（几何立体、工业材料）之上，又加入了一些异想天开的小细节。

（3）信息的高速发展，扩大了人与社会之间的信息交流空间。可以说，这是跨国界、跨民族的交往，让人在情感上相互渗透、相互交织，在社会层次上促进了人与人之间心理上的认同感（图4.26、图4.27）。

图 4.26　戴森的光循环变体灯
针对工作、爱好、化妆或精细任务需求，CD06 台灯和 CF06 落地灯提供了强劲、专注的优质照明，以及改进视觉呈现效果。智能光感呵护眼睛，旋转定位一灯多用；智能光学灯头可 360°自由旋转，通过墙面、地面及天花板营造出柔和的反射光；通过灯柱投射舒适橙光，减少蓝光，在舒缓的夜间营造出令人放松的光晕。这款设计最酷的地方在于，它可以模拟太阳一天的走势，通过太阳一天内不同的位置来营造出适合当下环境的灯光。也就是说，无论晴天、阴天，无论你在屋子里的哪个角落，它都可以让你畅享全天候的照明。

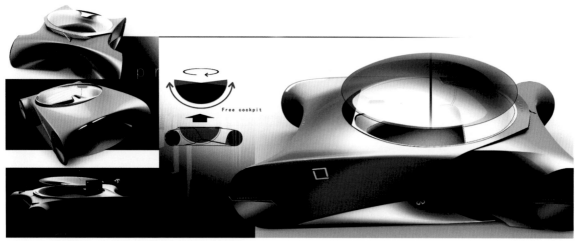

图 4.27 INFINITI prototype zero｜设计：谭仁杰
INFINITI prototype zero 是一辆基于全新设计理念而设计的全新车型。zero 即为零，同样意味着无，其内饰基于此设计完全打破了传统布局，无过多的设计而使人从心底感到放松，带着轻松的心态出发；其外饰方面则为 inside out，围绕内饰进行设计，并在多处对 INFINITI 进行了致敬式的设计。

未来的设计将回应时代的呼唤，设计趋向于向信息时代的微型化、无形化、遥控化的微电子高科技设计风格方向发展，如纳米技术、基因改造技术、能源技术、数字成像、纤维光学技术等。高新技术的出现，让人们开始重新审视功能主义所提出过的问题，未来的设计必将被信息科技、生态文明所取代，就是将高技术因素融入设计中，在设计创新方面将产生更加广泛的设计理念与方法，使美学价值和技术品质得到进一步提升，驱使设计向着多元化的方向快速拓展。

4.3.2　产品设计风格的特征提取

产品设计风格与产品创新的融合，构成了设计创新独有的基本理论体系。产品创新设计以创新的思维和方法来研究现代产品设计的规律和模式，它融合了多种设计风格、设计方法和创新技巧，灵活地运用于产品创新设计过程中，以便区别于传统并体现出准确性和高效性。

探讨风格特征与产品的映射关系，就是研究产品风格再现与创新的过程，也是产品创新的转化与反馈的过程。产品是由一系列相关元素通过不同的设计方法表现出来的独特形式，即产品风格是由一组产品呈现的共同特征所组成的集合。产品创新设计中出现的设计风格，主要涵盖风格的创新、风格的持续或两者的融合这三种形式。同一风格的产品特征、设计规则，以及给人的感觉方面，聚集了共同的集合元素。设计风格作为一种独特且可辨识的设计方式，驱使设计师在设计过程中反复地使用，由此形成产品共同的特征（图 4.28、图 4.29）。

产品风格的特征包括形态特征、心理特征和规则特征，这是产品风格下共同特征的元素集合。其中，形态特征是产品风格的物质表现，心理特征是产品风格的精神依托，规则特征是产品风格的逻辑推理。各特征之间相互联系、相互依存，其中形态特征和规则特征是区别产品风格的基础。

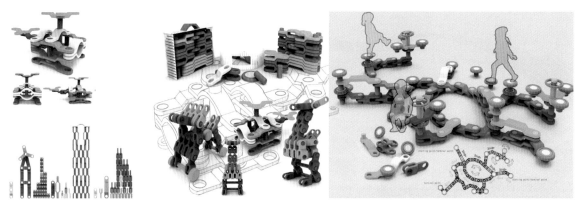

图 4.28　儿童感统训练设施 | 学生：陈文磊
该设计将模块化集成设计方式运用在儿童幼教类感统训练的玩具设计中，每个单体模块之间有联系，将"一生二，二生三，三生万物"的理念赋予设计中。其由简洁的单体构建成复杂的集成体，在搭建中让想象力得到全面释放。

图 4.29　ANTELOPE | 学生：龚旺
该设计的灵感以羚羊飞奔时的动势特征为提取源，将健身器材与洗衣功能相结合，以简约的风格、流动的结构体现了产品的归属，让使用者在健身时，利用器材产生的电能同时进行小型衣物的清洗，在身心愉悦中达到健身和节能环保的双重目的，让生活变得简单而清新。

产品设计风格定位的关键也同样在于"求变求异"，也就是产品创新设计中发展潜质和拓展思路的激发（图 4.30）。决定设计风格共同特征的集合元素和判定风格归属的集合过程，可以理解为在运用某些既定规则所进行的逻辑推理中，同一风格的产品设计呈现出相同的特征形式与情感表现。产品风格特征是物理特征和心理特征之间相互联系、相互依存的交织，也就是产品外在风格的物质表现和人们对产品内在风格的心理感知。其中，物理特征是人们所能看到的产品的物质外形，其本质在于将变化中的形象都表现出来，并能够明确地体现出产品创造的心象。心理感知由创造性思维引发，它是凌驾物理特征之上的一种对主观印象的直接表达，更是现代产品设计风格下的一种情感的宣泄、个性的宣扬、人格的锁定和气质的表达。

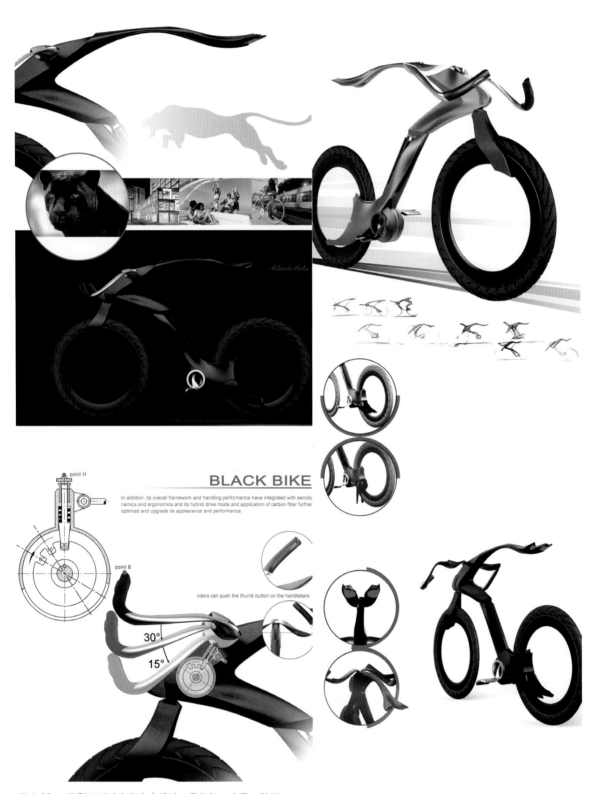

图 4.30 "豹影"磁动自行车｜设计：曹伟智、李昊、陈琪

"豹影"磁动自行车以大自然中黑豹所独有的速度感与爆发力为启示，以速度与飘逸的视觉为导向，将黑豹奔跑中的动感曲线贯穿于整体外观造型。车把的多种角度调节方式革新了骑行模式，把手部分采用卡扣式双向锁死的结构进行 B 点调节，以改变向上的拉力，带动 H 点棘轮可以旋转角度。该设计的最大亮点在于贴合骑行者的生理结构中车把部分对肘关节的托起，以增强骑行的舒适度与驾驭感，而且稳定了骑行者的身体重心；同时，踩踏式的力矩传感器、电磁动能助力系统，能提供持久的续航能力。

4.4　产品创新设计的设计构思

创新设计要求在想象创造的前提下，对产品属性和既定空间关系进行深入的理解和发挥，并切实地贯彻实施。产品创新设计不是为了形式而形式的组合，而是以不同特征元素的集合为依据，挖掘人们意识深处的信息源，加入了设计师主观意识而获得的产物。因此，在创新性的设计构思中，它是主观意念与客观客体思维的集结融合，是现实主义方面的情绪的宣泄、个性的张扬、气质的展现，也是更注重思维与表达的设计构思方法的图式过程。因此，要掌握属于自己的好用的设计构思方法，就必须了解设计构思的构成，这非常重要。目前，在设计领域运用最为广泛的设计构思方法非常多，如模仿、移植、想象、替代、标准化、集约化、专利应用等，其方法研究涉及商业、教育、生产、娱乐等诸多的领域与行业（图 4.31、图 4.32）。

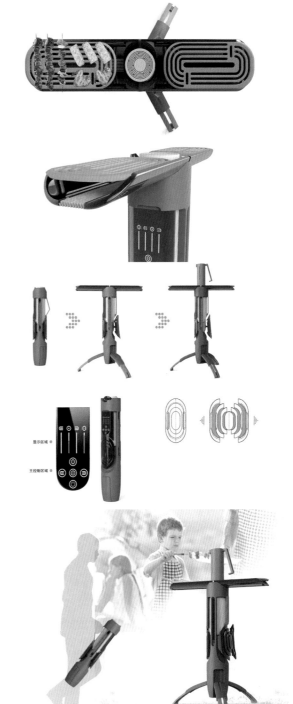

图 4.31　C/2 音响 | 设计：李雪松、王淼
在信息时代，曾经的黑胶唱片难得一见。而在该设计作品中，半圆形的设计在镜面的反射下，复原了人们记忆中的音乐符号，一圈圈细密的纹路、圆润的造型犹如老唱片的缩影，让人们在忙碌的现代生活中寻找曾经的流行音乐的痕迹。

图 4.32　户外便携式炊具 | 设计：姜悦
该设计从便携的角度，是以"以人为本"作为设计出发点改良现有户外炊具产品的缺失并融入更加贴合大众需求的创意点，以树类植物安详放松的语义和稳固扎实的形态为设计灵感来源，以满足大众需求为重点考量，来设计的一款集造型美观、安全舒适、功能齐全、简单易用、携带方便于一体的户外便携式炊具产品，旨在为大众的生活带来便捷，让人们能用、会用、愿意用，进而引导更多的人乐于参与到户外炊事活动中来。

产品设计创新也可以归为观念上的变革，要求设计师摒弃那种仅仅在外观上的标新立异，而将重点放在真正意义的设计创新上（图4.33）。因此，设计构思的实施是针对人们所提出问题的思考和验证的过程，也就是发现问题、分析问题、解决问题的过程。

要善于发现问题、发掘问题的根源，这是设计构思的动机和起点。此刻，思维导向的捕捉是产品创新的前提条件，是设计构思的思维挖掘和思维转换，是对产品形式元素的观察和分析，也是在充分把握其综合因素后所进行的问题排列。此阶段的构思缘由瞬间闪现的灵感转为图形化，是大脑所存在印象的意向模糊和不确定的体现，是记录创意灵感的一种思维模式。它可以是寥寥数笔或不规则的表达，也可以是某种符号，但可以引导人们进一步联想发挥，在最短时间内尽可能地寻求最广泛的创意路径。

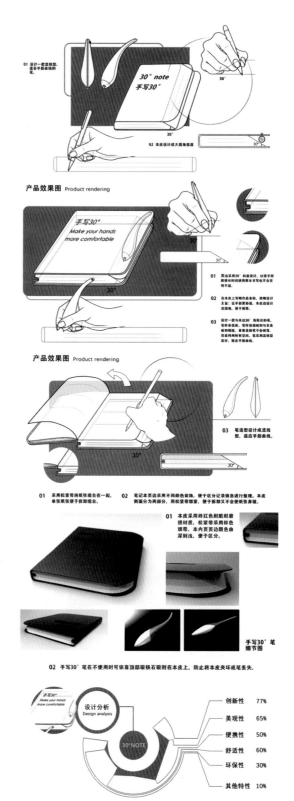

图4.33 手写30°笔记本套装设计 | 学生：薛贺元
小产品大设计，越是容易被忽略的题目，做起来才越有意义。该设计的创意在于，用一个30°角解决了人在笔记本上书写时候的不方便。30°坡度角，符合人机工程学人手部的舒适角度，防止腕部、手指因笔记本的高度差问题而产生的不舒适感。

设计构思是人类在特定设计领域中的一种思维方式，是对既有问题所存在的诸多可能提供可行性方案的多重思考。在设计构思的问题解决过程中，认识问题的目的是寻求解决问题的方法，围绕所罗列的问题点不断修改、完善，来逐步让构思趋向成熟。这是一种感性的思维爆发，更是兼顾理性、因果和逻辑的重点思考。因此，只有清晰地把握构思过程中各要素之间需要解决的问题所在，才能准确选择解决问题的方法。通过分析和验证之间交互式的理解分析，在不同时空、不同物象之间引发构思，进而提炼其精髓。而且，通过对大脑想象的不确定因素的问题展开，诱导设计师进行灵动的创想探求，将"特征意味"融入创意之中，获得具有独特新意的设计构思，从而创造全新的产品。

分析问题的过程尤其重要，此阶段要以一种责任与使命并重的观念去创造产品，以更完善的功能、简洁的造型、持久的使用和环境性能为产品的设计目标和出发点。通常的构思方法是将问题进行分解，然后按其不同范畴进行归类分析、构思比较，进而规划出主要问题和次要问题。同时，以逻辑思维为导向明确问题所在，把设计创新推向最实质的前沿，在创新中求新、求异、求变、求不同，寻求突破（即"创新点"）。这里所定论的设计创新即是"新"，否则设计将不能称为设计。只有新颖的、独特的、社会认同的设计，才会在众多设计中闪烁出与众不同的光芒，也只有这样才能创造出时代特性下被人欣然接受的创新产品（图 4.34）。

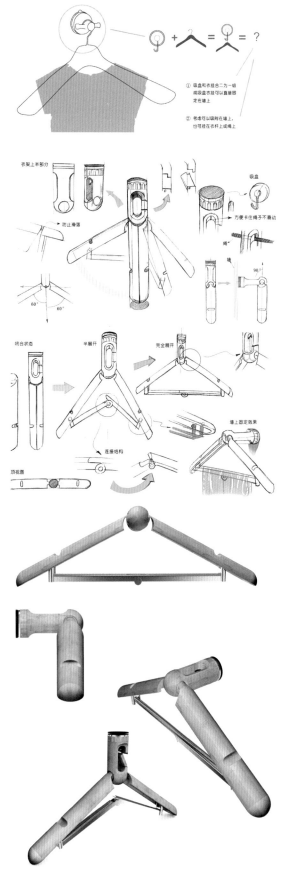

图 4.34　吸盘衣架设计 | 学生：倪姗

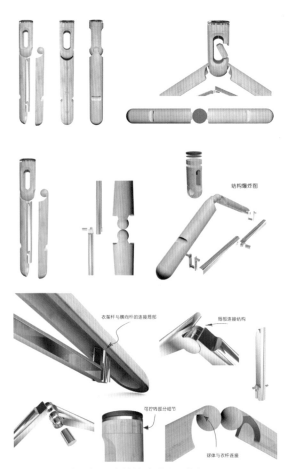

图 4.34　吸盘衣架设计 (续)｜学生：倪姗
该作品对设计结构和连接方式有较深入的分析，将吸盘与
衣挂合二为一，悬挂方式灵活多变，而且竹子材料的选择
体现了绿色设计的意识导向。

4.5　产品创新设计的多元链接

现今的世界是一个多元化的世界，任何事物都不是孤立存在的，而是处于一个有机的整体之中，我们应以系统的眼光来看设计产品的相关事物。"工业 4.0"高科技计划提出的目标是提升制造业的电脑化、数字化与智能化。如今，设计的重心已不再是产品本身，也不是创造新的工业技术，而是将所有与工业相关的技术、销售和产品体验融会贯通起来，进而转移到以用户为中心的"品质、智能、集成"的系统开发为导向的多元关系上，这种多元化是内外互动的介质、相互联系的纽带，是人的系统与物的系统的融合，也是对理性约束和感性惠顾的统筹（图 4.35）。

创新产品的开发是设计思考在思维模式、学科交融、观念创新等方面统筹信息的集中体现。在目前科技迅速发展的 5G 时代，将虚拟现实（Virtual Reality, VR）、增强现实（Augmented Reality, AR）、混合现实（Mixed

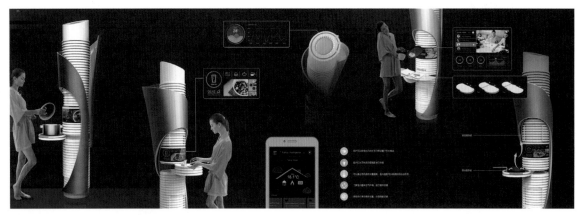

图 4.35　LIVING－智能厨房｜学生：曹宇欣
该作品以"小空间、大生活"为设计理念，将小面积、快节奏作为设计背景切入，进行集成橱柜创新设计。同时，以植物的形态语义结合圆柱形态，以模块化方式进行空间垂直性布局，打破了传统厨房的概念，将烹饪、智能、交互等元素融入设计中，将橱柜以 360°无死角的形式展现在生活空间内。

Reality, MR)、人工智能(Artificial Intelligence, AI)和 3D 打印等先进技术与 5G 网络碰撞而滋生出新的火花,带给了人们新的体验;同时,产业和学科变化使设计学科的发展从交互设计到服务设计的轨道运行,提出了用户体验的好坏是决定一个设计是否成功的关键,进而将用户体验提到设计领域研究的重中之重。

在创新设计过程中,要广泛地运用创造思维和创造技法,结合创新设计的原理和法则,从用户体验的角度定位设计方向,围绕人、消费者、用户等不同语境下的理论研究和方法体系,剖析创新设计的既定规律,并通过分析、比较和评价寻求设计创新(图 4.36、图 4.37)。这是设计研究与实施过程中必不可少的环节。

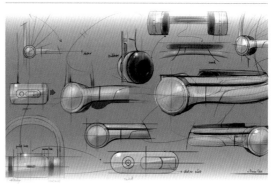

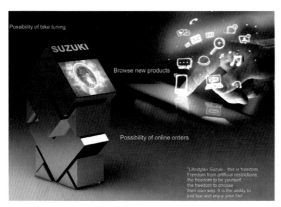

图 4.36　思考创新

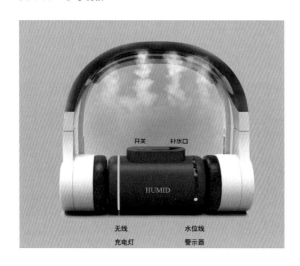

图 4.37　头戴式蒸脸加湿器｜设计：徐雅婷
该设计利用纳米技术实施智能识别、智能调控,为当下女性的护肤人群实施最为精致的蒸脸护肤的功能。该设计解放了使用者的双手,在方便快捷中自动检测脸部的情况,实时调控加湿雾量的多重功能。该设计能让蒸汽达到最合理的使用效率,还具有模块充电蓄水功能。

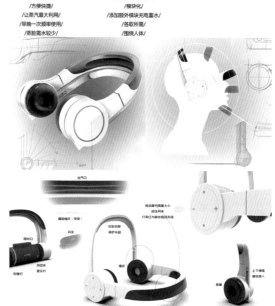

4.5.1　大数据时代的产品开发

产品创新设计的本质是为社会生活中存在的各类问题提供的一种解决方案。大数据技术的普及，为广泛的用户调研和趋势分析提供了准确而直接的参考。有效地掌握各种相关的信息是各类设计有效展开的前提，关键是实现了各种资源的快速整合，只有这样才能有针对性、目的性地进行产品创新策略规划。

大数据的兴起，降低了信息获取和交易的成本，尤其是在共享经济下促进了信息和知识的流动，带来了新的技术创新优势。大数据是指无法在一定时间内用常规软件工具对相关内容进行采集、管理和处理的数据集合。因此，大数据是信息化发展的新阶段，它是不同来源、不同类型、不同含义的大量甚至超量的信息数据集合。大数据时代给社会的发展创造了更多可能，当前在可持续观念下，产品创新设计的构思已不再局限于具体的产品，需要合理满足用户的实际需求，拓展基于系统思考的问题解决之道（图4.38）。

信息是产品设计思考的基础。在产品创新设计思考过程中，用户相关信息的调查收集，信息技术新产品的开发推进，都需要大数据整合下的思维理念和技术手段的强力支撑。大数据技术特指从各种各样类型的数据中，快速获得价值信息的能力。链接用户信息的各种技术升级和软件开发，都直接关联大数据的相关技术。当下大数据的技术包括MPP数据库、数据挖掘电网、分布式文件系统、分布式数据库、云计算平台、互联网和可扩展的储存系统等。

大数据的技术需要类似设计思考的决断力、洞察力和优化流程的信息处理能力来激活数据并实现价值，设计思考需要大数据技术来提供产品创新的信息依据和技术切入点。通过大数据技术，借助用户对相关产品的评价，给设计思考提供了更为明确和有效的市场信息，也是大数据技术在产品规划阶段中的直接应用。大数据具有数据体量大、数据类型多样、处理速度快、价值密度低等特点。

（1）大数据的处理分析已成为新信息技术融合应用的结点。
（2）大数据是信息产业持续高速增长的新引擎。
（3）大数据引领着以市场为导向的新技术、新产品的创新开发。
（4）大数据的应用将成为提高竞争力的关键因素。
（5）大数据时代（图4.39）科学研究的方法和手段将发生重大改变。

图4.38　智能陪伴｜学生：孙宇

图4.39　大数据时代

基于用户数据接收和反馈机制的思考，大数据在产品开发领域起着重要作用，可以为设计的整个实施阶段提供强大的动力。它通过转化为某一量化指标，进行用户需求、材料特性、产品耐用性、生产制程、市场回馈等数据采集，提供最为直接且关键的指标数据。大数据的信息处理为用户信息的交互提供了无限的技术支持，是产品智能化和信息化创新的技术支撑和重要途径，也能推断和调控产品设计的开发速度。大数据以完成功能需求为基础，将产品变成整体系统的数据终端，以互联网参与社会行为的角色接收广泛社会群体认知的各种服务（图 4.40）。

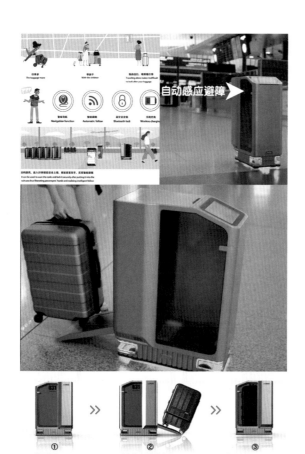

图 4.40　AIRBOX 机场智能行李车设计｜学生：邢畅
在"工业 4.0"智能理念的背景下，通过分析当前机场行李车在实际使用的过程中遇到的问题，该设计将最新的人工智能交互技术与现代信息技术相结合，以用户体验设计理念为基础，研究机场智能行李车的产品设计、人车智能交互形式、具体实现操作、为解决现有问题而实现的新功能等需要系统思考的问题，能满足机场各类不同人群的需求。

4.5.2　VR、AR 与 MR 技术融合

在工业设计领域，传统的设计方法随着受众的观念和思维方式在不断地发生变化，已逐渐向新技术支持下的创新方法快速跨越，如利用 VR、AR 和 MR 技术为设计导向提供了无限可能。这是产品与人群互通这一行为的综合优化，其多重思维创新的互通式配合，带给受众全新的情感交融，颇具思维意识和挑战意识。它不断地刷新着人们对现有科技的认知和对设计思维的重新认定，不仅仅是对事物的体验与回味，更在操控体验中冲击着人类意识与行为模式（图 4.41）。

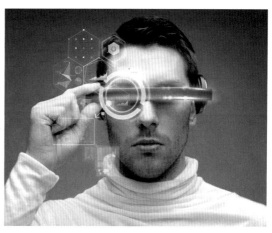

图 4.41　Google Search

1. VR

VR 是一种可以创建和体验虚拟世界的计算机仿真系统。VR 设备包含头盔、位置追踪器、控制器、手柄等，运用计算机生成一种模拟环境，将多源信息融合交互，形成三维动态视景；同时，通过实体行为的系统仿真，让用户在观赏时就如身临其境一般，完全沉浸在虚拟环境中。VR 技术给人们带来了全新的视野，其主要特点是实时性和交互性。在教学应用领域，VR 产品的介入让当下教学模式有了新的突破，推进学生沉浸式的学习模式，

让学生在学习中提高了眼界并扩展了思维，能帮助学生提高自身的专注力。

VR 技术是运用计算机对复杂数据进行可视化操作与交互的一种全新方式，突破了二维平面设计的束缚，帮助设计师在虚拟环境中构建三维立体设计，提供直接的图形程序化接口（图 4.42、图 4.43）。从复杂性上来讲，一个完善的 VR 系统由虚拟环境数据库、计算机、输入输出交互设备、数据库和应用软件等构成。VR 创造出了一种沉浸式的人机交互状态，能带动使用者的感官，包括模拟环境、多种感应传导、自然技能等各个方面，使之与大脑实现同步，产生一种身临其境的体验。

图 4.42　MRC-VR 控制器
MRC-VR 控制器在沉浸式体验方面做得十分到位，它由两个树杈形状的控制手柄组成，当用户在体验一些游戏时，可以从握持上防止"出戏"。沉浸式体验的一个重要因素是振动反馈，它不仅具有振动功能，还能通过内部的线性马达，模拟出受力冲击感，这是以往的 VR 控制器所无法带来的体验。

逼真的虚实场景是 VR 必不可少的一项技术，这归功于 3D 显示实时渲染引擎和各种辅助硬件的支持。这些技术的不断拓展，让产品有很好的软硬件支持，可以让人们体验到利用产品带来的最舒畅的生活方式。越来越成熟的 VR 技术提供了现实领域与像素世界的结合点，正在跨越式地迈入设计领域，让设计师与观者尽情地享用这项技术所带来的震撼。

2. AR
AR 是广义上 VR 技术的延伸，是将虚拟世界和数字化信息实时结合在一起，将计算机产生的数字图形、动画等信息实时叠加显示到现实场景中，通过显示设备实现虚拟对象与真实环境的融合，使用户可以在虚实混合的场景中自然互动的人机交互技术，可以实现自身感知的体验。对 AR 技术的研究，关键技术是跟踪注册技术，包括基于视觉的图像实时识别追踪计算技术和硬件跟踪器的匹配跟踪技术。这两种技术结合，利用各自优势来提高跟踪注册的定位精准度，可以提高 AR 技术的稳定性和环境适应性。

AR 可谓虚拟与现实的连接入口，它是一种将真实的环境信息和虚拟的物体信息"无缝"连接的新技术，把两种信息实时地相互补

图 4.43　模块化虚拟现实眼镜 | 学生：戚洪瑞

充、相互叠加并同时存在于同一画面或空间中超越现实的感官体验。随着 AR 技术在虚拟现实平台的基础上实现了更为真实明确的人机交互、游戏娱乐、动画展示等实体信息存在，设计行业发生了翻天覆地的变化（图 4.44）。

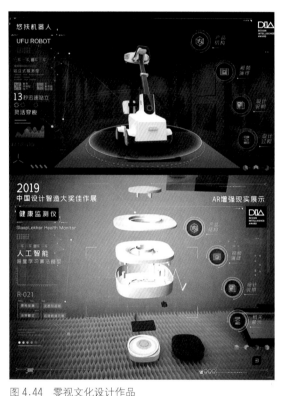

图 4.44　零视文化设计作品

零视文化受邀为 2019 届 DIA 中国设计智造大奖佳作展开发 AR 交互展示系统，将 AR 技术运用到作品展览展示之中，增强了观展的交互性、趣味性，使观众能够全方位、多角度、立体化地体验作品，观众可以通过扫描产品实体在移动设备上查看产品的产品结构、应用场景、设计过程和其他方面的展示，甚至可以对产品模型进行拆装与组合，增强了人与产品之间的互动性。

穿戴设备是技术支持的重要载体，VR 技术是完全"沉浸式"的，需要佩戴头戴式的显示器来投入其中；而 AR 技术则使用移动设备，实现智能参与以动态的方式实现三维物体的呈现。因此，AR 技术是"增强"了现实中的体验，而不是替代现实。以市场上较为流行的 VR 眼镜为例，VR 眼镜是不透明的，实际上把物理世界全部遮挡住了，只显示虚拟的环境；而 AR 眼镜是透明的，使人能够在看到现实世界的同时看到虚拟的成像（图 4.45）。可以看出，两者存在不同之处，看似两种不同的产物，但又彼此密切关联。未来所需的设备不仅仅是 VR 产品或者 AR 产品的独立存在，真正能够为大众所利用的，必然是两者紧密协同，成为一个庞大的、相互缠绕的综合系统。

图 4.45　Google Glass

在工业设计领域中，AR 技术不仅体现在设计方法上的创新，在产品的展示手法上更具有突破性，无论是产品设计、家居设计、交通工具设计还是平面展示设计，这一互动平台可为观者尽情展示设计成果和理念（图 4.46）。因此，在产品效果的呈现过程和使用环境中，通过三维投射的方式达到全方位的呈现，让观者通过产品界面上的控制按钮来获取更多的产品信息，以便清晰地了解产品设计演变过程及灵感来源，甚至可以看到材质归类及加工工艺的详细链接。它不仅存在于视觉感知，而且有听觉、触觉、嗅觉、味觉和力觉等感知的触动。可见，AR 技术让设计更为直观地呈现出产品本身的价值所在，传递给观者更多的信息并产生更多的互动。

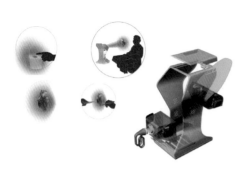  

图 4.46　OPS 医疗助手｜学生：王丽明

OPS 医疗助手是一款运用 AR 技术的医疗设备，分为扫描手把、主机及配套手术工具三个部分，每个部件之间用无线和蓝牙连接，使用者通过扫描手把扫描患者的患处并将信息传输到主机内形成全息投影，可对投影执行移动、缩放、旋转等命令，方便观察扫描过的患处，也可使用配套的手术工具对投影进行分割、缝合等动作，模拟真实手术。OPS 医疗助手的主机能够像计算机一样存储扫描过的图像，方便使用者随时进行手术练习。OPS 医疗助手还可以帮助医生进一步了解病人的症状，并对"疑难杂症"进行多次手术模拟来提高真实手术的成功率。

3.MR

MR 技术包括 VR 技术和 AR 技术。MR 技术指的是合并虚拟和现实世界而产生的新的可视化环境，在新的可视化环境里物理对象和数字对象共存，并实时互动。MR 技术的关键点在于与现实世界进行的实时交互和信息的实时获取。如果把 VR 技术比作单细胞生物，那么 AR 技术就是多细胞生物，MR 技术就是更高级形式的生命体。

MR 技术将真实世界和虚拟世界混合在一起来产生新的可视化环境，该环境中同时包含物理实体与虚拟信息，而且交互信息必须是实时的（图 4.47）。由上述定义可知，AR 技术和 MR 技术没有明显的区分，业界往往将 AR 技术看作 MR 技术中的一种形式，只是对虚拟信息叠加的分量有所划分，AR 技术中虚拟信息成分权重小，MR 技术中虚拟信息成分权重大，因此业界通常不会对 AR 技术和 MR 技术的界限进行明确划分。MR 技术的代表产品是微软公司发布的 Hololens 眼镜（图 4.48），这款产品会追踪用户的移动和视线，进而生成适当的虚拟对象，通过光线投射到用户眼中，用户可以通过手势与虚拟 3D 对象交互；传感器

追踪用户的移动轨迹，然后透过层叠的彩色镜片创建出不同场景、不同角度、不同维度间的交互对象，通过 MR 眼镜对某一室内环境进行观察，设备立即记忆存储室内相关物体的全部信息及对象的精确方位，然后在这些对象表面甚至内部投射 3D 图像。如果在桌面投射虚拟炸药，观者可在其引爆之后清晰地观察这一震撼的过程，并可获得相关数据分析。

MR 技术是具有未来感的技术，是让人耳目一新的技术。那种用语言和实物都无法倾诉和展示的信息，可以在 MR 技术中充分地去体

图 4.47　Mixed Reality Technology｜Microsoft HoloLens

图 4.48　Hololens 眼镜｜微软公司

与交流？手语翻译器是一个非常简单的"黑匣子"，通过按压操作面板上易于识别的启动按键，上盖弹起"Z"字形的顶面和斜面，这里集成了全息投影技术，可以让透明的屏幕显示图像叠加到现实场景中去。在功能设定中，"Z"字形顶部转折区设置了麦克风与扬声器来记录语音，而在底部的体感区则采用用于识别和记忆人体手势和姿态的识别技术，可以促进语音与动作之间的无障碍交流。

验，MR 甚至可以展示产品诞生的整个流程，并传达出更多的设计价值，这正是 MR 技术实施定位的关键点。例如，手语翻译器是针对聋哑人与普通人沟通障碍而设计思考与定位的混合现实产品（图 4.49），其设定的痛点问题是在日常生活、社会活动中聋哑人与普通人的沟通问题。想象一下，医生面对一个打手语的聋哑病人时，他们如何准确地表述

可以明确地说，未来 VR、AR 和 MR 技术不再是独立的个体存在，它们是在交织融合中不断探寻受众的体验过程，让越来越多的行业更加关注其技术的最新态势（图 4.50）。拓展未来 VR、AR 和 MR 技术下的设计创新，从精神尺度和情感密度的角度，进行多元思维的纵深研究，为受众人群探寻新的接入点，这已成为业界的航向标。

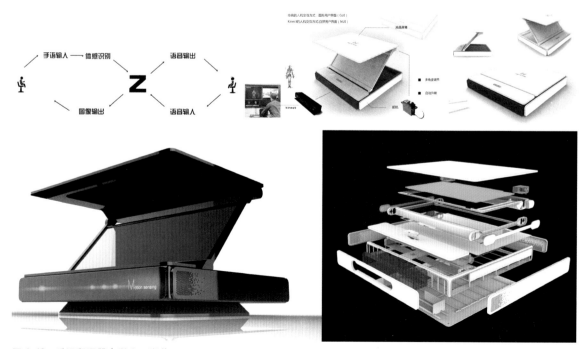

图 4.49　手语翻译器｜学生：张萌

图 4.50　Waterfall 智能水龙头 | 学生：张萌

Waterfall 智能水龙头设计在产品中加入了可检测细菌的拉曼光谱，在清洗果蔬的过程中，可检测肉眼看不到的细菌和病虫害；通过屏幕显示，可智能地识别正在进行的杀毒和清洗工作，直观地关注了食品安全；底座后面设计了超声洗，采用超声波特殊频段，可去除海鲜等食品中较顽固的细菌。

4.5.3　3D 打印技术的量身定制

每个产品的归属都会触动人的心境，就是一部真实的记忆，用来感受生活、了解社会、理解人生。聚焦 3D 技术，它是产品与人群互通这一行为的综合优化，是心境体验与思维创新的互通式配合。3D 技术使产品主体更加凸显，其表达方式、设计效率会呈现出更多的可能，为产品创新提供了更广阔的发展空间。

3D 打印技术（3D 立体打印技术）是快速成型技术的一种，又称增材制造。它是一种以数字模型文件为基础，运用成型技术和粉末状的塑料、尼龙、光敏树脂、高分子、金属等可供选择的耗材作为黏合材料，通过计算机控制逐层打印的方式来构造物体的技术。

3D 打印技术通过技术先导连接虚拟世界与现实世界，以呈现"真实的 3D 物体"而为业界所通识，如图 4.51～图 4.54 可让我们感知到 3D 打印技术的震撼。3D 打印技术通常在模具制造和模型制造上应用比较普及，而且随着 3D 打印技术的推广，它逐渐应用于一些高精尖产品的制造行业。现在，3D 打印技术还广泛应用于工业、建筑、汽车、航天、医疗、军事、服饰、教育、生物科学等我们能够想到的许多相关领域。

图 4.51　3D 打印设备

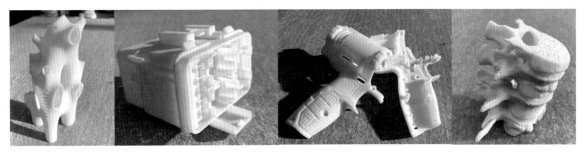

图 4.52　3D 打印 ABS、尼龙、PLA 材料

图 4.53　3D 打印金属材料

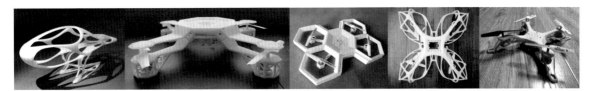

图 4.54　3D 打印形体作品

3D 打印技术在工业设计领域的出现，不断地刷新着人们对现实生活的认知，颠覆了人们传统印象中的现实世界，转而带给人们全新的体验感受和身临其境的视觉震撼。3D 打印技术以更快、更有弹性的方式及更低的成本，让现实与虚拟世界连接起来，自然造就了其发展的延展性。人们未来的生活品质和各个行业的发展，如 3D 打印航天部件、建筑、脊椎、假肢、心脏、牙套、服装、珠宝、汽车零件甚至是食物等，都已经碰触到 3D 打印技术这样的技术终端（图 4.55～图 4.58）。对于我们来说，3D 打印技术是创造无限可能的介质，是连接梦想的起点。

图 4.55　Art4leg 3D 打印假肢 | Tomas Vacek

图 4.56　德迪智能开放式 3D 打印 (OAM)

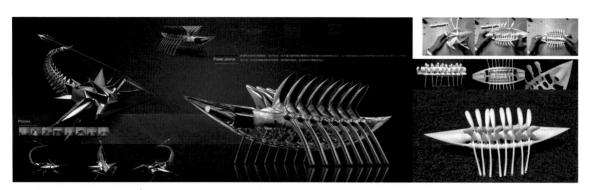

图 4.57　Working Monsters | 学生：王诗雨

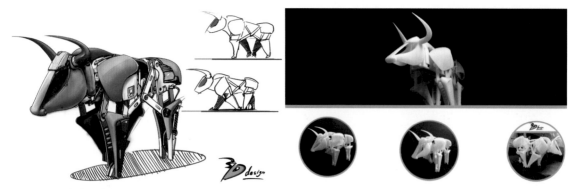

图 4.58　机构牛 | 学生：刘宇航

新的生产技术必定会带来新的产品革命，3D
打印技术的出现催生了产品设计的定制化服
务（图4.59）。随着3D打印技术的不断创新
和完善，3D打印技术与现实社会之间的相互
支持、相互交融，正逐渐构建成为一个庞大

的生态体系，并在互相关联中协同发展。从
中，我们完全可以预见，3D打印技术将给未
来工业设计领域、未来生活带来不可估量的
影响和价值。

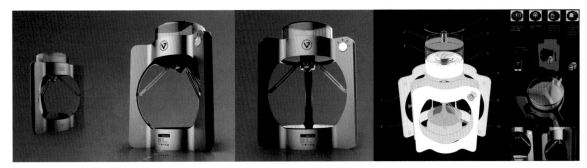

图 4.59　3D 智能食品打印机｜设计：王薪迪
3D 智能食品打印机与当下人的个性和情感需求相吻合，运用 3D 打印技术，通过将各种烹饪原材料进行逐层打印的方式，为用
户打造自己的专属食品。

4.5.4　人工智能下的思维延伸

人工智能（AI）是研究、开发用于模拟、延
伸和扩展人的智能的理论、方法、技术及应
用系统的一门新的技术科学。AI 是计算机科
学的一个分支，它是我们了解智能的实质路
径，是一种创新式的以与人类智能相似的方
式做出反应的智能机器。AI 已经成为当下产

业变革的核心驱动力，该领域的研究主要涉
及机器人、语言识别、图像识别、自然语言
处理和专家系统等（图4.60）。

AI 自诞生以来，理论和技术日益成熟，应用
领域也不断扩大，未来其带来的科技产品，
将会是人类智慧的"容器"，这一切给人们
的生活带来了无限的遐想。随着 AI 技术的发

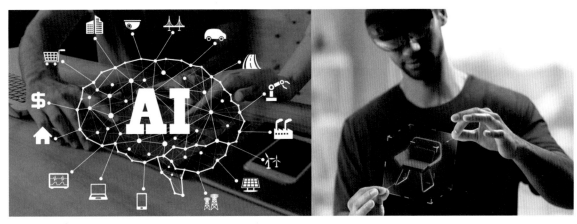

图 4.60　AI｜Falon Fatemi

展，以科技众筹平台的方式将智能元素集成到产品设计中已成为当代设计的主要方向，并在许多领域显示出了广阔的应用前景。同样，AI 的引导拓宽了设计师的思维领域，形成了富有新意的设计方法，其理念更是推动了跨界理念的快速发展。在产品创新中注入 AI 可以让产品换发新的活力与生命力，AI 是推动产品设计创新与开发的重要动力，所以它对于产品设计来说是一种系统性的变革式升级。

设计是为了使技术更好地辅助人的生活，而不是让人去迎合技术发展，与生活行为发生关联的智能产品一定是未来产品发展的趋势（图 4.61）。AI 可以说是对人的意识、思维信息过程的模拟，虽然不是人的智能，但能像人那样思考，甚至超越人的智能。随着"互联网 +"、物联网技术、云空间和大数据应用的发展，AI 将越来越多地参与人们的生活，将其置入更加高效的生活之中，将不断地改变甚至颠覆人们的生活和生产方式。

在产品设计领域，结合对相关产品的调研分析和统筹，现有智能产品的应用主要有以下几个方向：

（1）智能家居产品。智能家居随物联网技术的发展而得到实施和应用，相关企业围绕智能手机 app 进行了家居产品的智能化设计。例如，阿里巴巴建立的智能生活开放平台、小米公司的智能生态圈，以智能音箱、扫地机器人为代表的智能产品出现，标志着业界逐步开始了智能家居的硬件布局（图 4.62、图 4.63）。

图 4.62 HomePod Mini

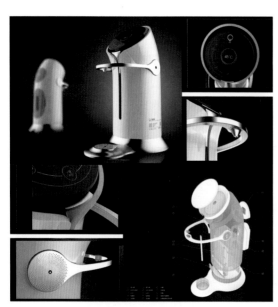

图 4.61 智能调奶器 | 学生：王湘仪

图 4.63 Smart Thermostats

第 4 章 产品创新设计 / 129

（2）智能穿戴设备。智能穿戴设备是当前 AI 应用领域的重点，即将产品穿戴在身上，可将信息更方便直接地呈现给用户，并与其进行直接交互。例如，智能手表及相关辅具类产品为用户提供了更加精准、更加人性化的检测功能，这是智能生活服务、智能安全服务、人与世界交流的变革与延伸（图 4.64）。

图 4.64　Apple Watch

（3）其他智能设备。智能设备的产生依托于智能技术的发展，而适用于各种环境的智能机器人正是不同技术合理应用下智能设备的代表。智能机器人将 AI 的理解能力与沟通能力表现得淋漓尽致，并对自身所处环境主动做出操作动作，甚至做出情境理解、精准判断、逻辑分析等方面的智能活动（图 4.65、图 4.66）。

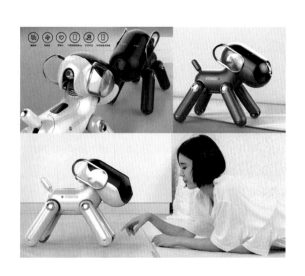

图 4.65　智能机械狗管家｜设计：张月娥
为陪伴而来，坚守家的每个瞬间——智能机械狗管家陪你聊天、给你讲故事，更加入了语音智能设备控制的功能，通过语音对话，控制家居各类设备的关闭，释放了你的双手。如此人工智能的机械狗管家，会让你爱不释手。

图 4.66　消防员智能头盔概念设计｜设计：Omer Haciomeroglu

在 2020 年爆发的新冠肺炎疫情中，AI 发挥了重要作用，如智能无感测温防控头盔，其内置强大的 AI 系统，可与现有大数据信息库对接，实现移动场景下的人脸识别、证件识别、车牌识别、管理需求等诸多功能。它是针对公共场合疾病控制、治安防控实战需求的高科技智能单兵装备，集合了超材料技术、红外热成像技术、AI 算法、AR 显示、大数据、移动通信技术、航空装备技术等高新技术。

4.5.5　环境因素下的设计影响

在传统产品设计中，一直把人作为目标主体，以满足人的特定需求和解决问题为出发点，而往往忽略了后续产品生产和使用过程中的资源消耗及对环境的影响。环境是以人的行为意识为主导，通过设计来实现其中的价值的。设计的目的是优化人们的生活质量与生活环境，真正有价值的设计会给人的活动带来便捷与舒适，离开环境因素的设计将是没有任何意义的。因此，要重新认识和思考产品设计中的环境问题，通过选取产品本身和产品环境之间的相关信息，对产品构成特性提出更多特定的要求，以便更好地应用到设计创新中。

产品设计是对环境、人的生理、心理的综合考虑。我们倡导的环境，包含对社会因素与自然界之间关系的全面思考，就是将人、机、环境三者结合起来进行可持续发展的思考，从而形成更全面的设计导向。把可持续发展根植于产品设计的过程中，将生态环境与经济发展捆绑为一个互为因果的有机整体，这样可以使资源、能源得到更有效的利用，并使环境污染降到最低限度。因此，可持续发展理念是针对传统产品开发的理论与方法进行的改革和创新。可持续发展设计是更为深刻、更为广泛的设计思想，明确了产品设计的方向。

产品本身不是独立存在的，它必然存在于环境之中，所以进行产品设计时，需要对产品所处的环境进行分析定位。通常，环境因素包括自然环境、社会环境和使用环境三种类型。

（1）自然环境。产品的终极目标是为人所用，而生存的环境是人们在设计中要考虑的重要因素（图 4.67）。当下设计的指导原则是使用寿命、回收效率、能源利用、减少污染、可持续性地对生态环境进行保护，因此，在产品设计中减少对环境的污染是我们评价产品综合指标的准则。

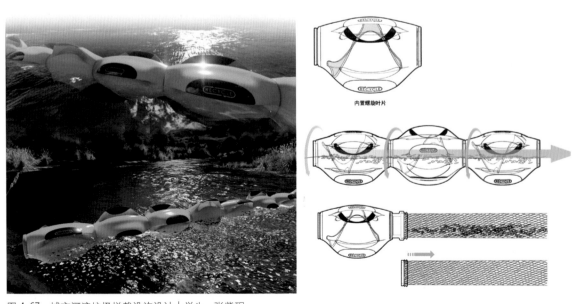

图 4.67　城市河流垃圾拦截设施设计 | 学生：张紫玥
河流漂浮垃圾一直是全球环境保护所关注的热点话题，因此，城市水路环境中漂浮垃圾疏通拦截设施的存在是必不可少的。该设计具有优美的三瓣式外观、高效的内部螺旋叶片，完全改变了传统的应用方式，提高了拦截回收垃圾的效率，有效地保护了城市水环境景观。

（2）社会环境。产品设计的成功与否不仅与设计师和产品本身价值有关，而且受到企业文化和外部环境要素的制约与影响（图4.68）。产品从设计到使用的整个生命周期，都受到政治、经济、文化、科技、宗教等社会因素的影响与制约。这些社会宏观系统的构成因素以强大的社会影响力和渗透力引导着产品设计的方向定位。

（3）使用环境。作为处于环境之中的产品，在时间与空间上组成一个三维的使用状态。通过对使用环境、使用时间及周边配套产品的可行性调研分析和目标锁定，它们会对产品的功能、形态、色彩等起到重要的影响和制约。因此，针对不同使用环境对产品进行研究，可以使设计更具有针对性和着力点（图4.69）。

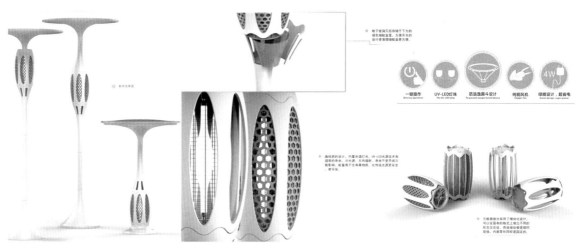

图 4.68　路灯式灭蚊器｜学生：李婷玉

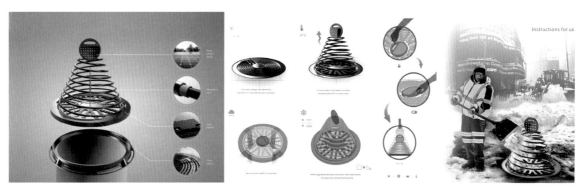

图 4.69　SNOW REMOVER｜学生：王超群

4.5.6　交互设计下的持续体验

在信息技术、自动化技术、计算机技术高度发达的今天，交互设计已经成为产品设计创新与发展的必然趋势。交互设计以推进人与产品可持续的设计体验进行创新，力争使关系匹配最优化，达到在积极效益和人文效益下交互设计的一体化、系统化模式的多重手段实施目标，对交互设计下环境、人群、经济的多元化链接模式的可持续体验具有直接的启迪意义。

交互是两个或多个相关且自主的实体之间所进行的一系列信息交换的交互作用过程，交互的本质就是参与体验。交互设计是在设计人造系统的行为状态下人与机器的互动设计，它是一门将艺术、设计、科学、工程技术结合起来的新型学科。它也可以理解为人与产品、系统和服务之间创建的一系列对话，这种对话是实体与情感间的互动，并随着时间的推移，体现出形式、功能和科技之间的相互作用。交互设计主要通过人的视觉、听觉、嗅觉、触觉、味觉、语言沟通等效应改变产品的原始形式，旨在更好地符合人的使用规律，实现人与产品间的交流（图4.70）。

在不同领域中，交互设计的介入让设计创新拥有了新的属性与定义。可用性目标和用户体验是交互设计的两个基本目标。可用性目标是保证产品可用，基本功能完备且方便，而用户体验则给用户一些与众不同、意想之外的惊喜和收获。可用性目标是交互设计的根本和重要指标，它是对可用程度的总体评价，是从用户的角度衡量产品是否有效、易学、安全、高效、好记、少错的质量指标。用户体验目标则是交互设计以用户需求为中心，而不是以技术为中心进行产品的开发和设计。这种以用户为中心的设计方法，就是把用户体验作为设计的核心和基础贯穿于整个设计过程中（图4.72）。认知心理学为交互设计提供了基础的设计原则，涵盖了功能的可视性、信息联动的反馈、显示操作的限制、表达控制的映射、操作的一致性、提示的启发性等相关原则。

图 4.70　Minion 宠物喂食机 | 学生：张雨萌

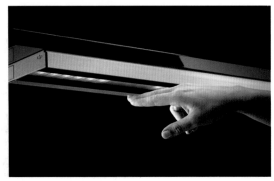

图 4.71　无接触交互式橱柜灯设计

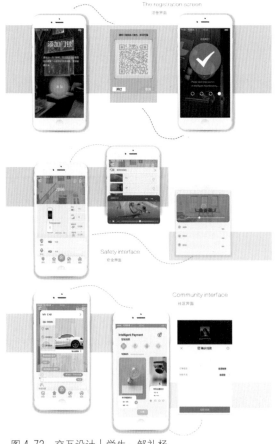

图 4.72　交互设计 | 学生：邹礼杨

HIGH-FIDELITY PROTOTYPES
高保真原型

门锁加指纹，通过地们各自的初始形态变形、提取、对接成了智能门锁的新图标，指纹锁在门锁里也代表了指纹开锁的意思。

LAUNCHER ICON
启动图标

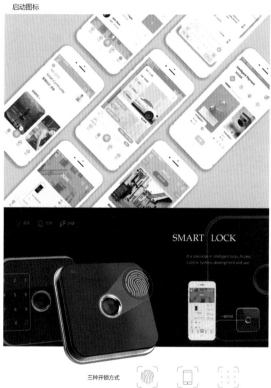

SMART LOCK

It is specialize in intelligent locks. Access Control Systems development and sale.

三种开锁方式

图 4.72　交互设计（续）| 学生：邹礼杨

现在，人工智能产品都很注重交互设计的介入，对产品的界面和行为进行交互，围绕人的情感、生理、心理等因素来进行更合理、更便捷的设计。怎样在提升产品的使用功能的前提下，创造出更智能化、更人性化、更生活化、更易用的产品？交互设计就能非常好地解决这些问题。交互设计以持续效率与用户体验为核心点，通过大数据物联网的系统分析，围绕产品交互设计流程、方式、方法、界面及信息构架等多维度的思考进行整合优化，持续性地推演人与产品的交互体验，使人们获得到更多的情感体验。

4.5.7　服务设计下的软性设计

从工业设计专业视角来看，产品从改善生产方式、优化产出物、更广义的服务设计这三个层次来界定工业设计领域的时代性。其中，服务设计理念的出现，让我们重新定义未来产品的趋向可能，更让我们审视并思考将要面临的挑战。

服务设计是新经济环境下的产物，是对人们所关注的社会生活和经济活动中出现的新问题的诠释，是因新环境中所出现的诸多复杂问题而产生的应对策略。服务设计是一种系统的、全流程的设计思维活动，它包含处于服务情境中的人员要素、物质要素、环境要素、行为要素及心理要素等一系列相关联的设计内容。各要素内容间如何进行匹配、如何有效互动、如何完成系统体验，则是服务设计的关键点之所在（图 4.73）。

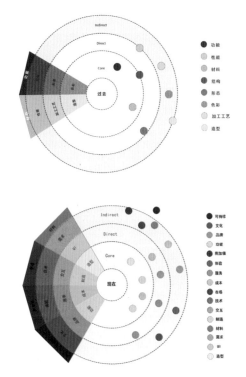

图 4.73 过去和现在影响产品设计的因素 | 学生：戴鹤融

互联网产品已经成为接触用户、传递服务的媒介，"产品即服务"的时代趋势越发明显，这也是与传统服务业的大不同。以服务价值为导向的思维结构促进了产品设计与诸多设计门类的交叉与整合，其设计思维与创新模式的思维跨越，已经融入产业管理的深层领域，将直接影响企业机构的战略思维，甚至影响政府机构的服务决策与创新。

服务设计是从用户的角度设置服务，确保服务界面的有效性。服务设计不仅仅是某个接触点的交互行为，服务设计的用户对象也不只是服务接受者，还涵盖服务提供者、系统管理者等多方面交叉的相关人员。从用户的角度来看，服务设计包括有用、可用及好用；从服务提供者的角度来看，服务设计包括有效、高效及与众不同。可以说，服务

设计是一个闭环式的系统服务体系，其最终目的是统筹双方需求，提高服务效率与质量（图 4.74）。因此，服务设计的存在需要从全局视角来思考，从整体来分析统筹，从优化系统来验证。

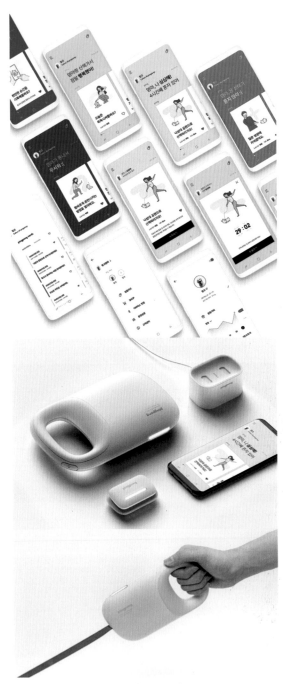

图 4.74 Pingpong 宠物通信服务设计

产品可以说是有形的交互体验，而服务则是无形的社会活动。产品是可以被触摸和感知的前台，被称为单点或多点呈现；而服务则涉及整个系统组织结构的前台、中台、后台，被称为点、线、面的交融集成。服务设计不仅关注产品本身，而且需要将关注点扩展到与用户发生交互的各个触点上，使用户体验的范畴从"产品"扩展到"以产品为中心的整个服务体验过程"，通过各种形式的触点与用户产生关联，形成系统性的用户体验。服务设计的研究方法与交互设计一样，都是从用户研究和分析入手的。其总体设计流程可以分为发现、分析、设计三个阶段。

（1）发现阶段。在发现阶段主要对现有的服务模式、服务流程、用户行为进行调研，包括定量研究和定性研究。

（2）分析阶段。在分析阶段可以通过用户旅程图、服务蓝图等工具来对现有服务进行展示，结合发现阶段总结的问题，梳理现有服务的逻辑和框架，并根据用户需求来分析每个服务节点下的反馈方式及路径，进而发现可以改善的点或可实施的新路径。

（3）设计阶段。对新服务进行设计时，通过发现阶段和分析阶段的用户研究结果建立用户画像，进而将用户画像带入具体的服务情境中，模拟新服务的实施路径，规划新的系统图和服务蓝图。

下面以数字化博物馆的设计项目为例介绍服务设计下的软性设计。

在过去，参观博物馆的旅程往往集中在参观博物馆的过程中，忽略了博物馆的记录和回忆，以及在看完博物馆后分享博物馆的参观感想。交互产品想要创造的新旅程让人们记录、唤醒、添加用户的新旧记忆，从而建立

起情感纽带，并在用户离开时创建用户个性化的博物馆。通过线上、线下相结合的方式，进一步探索如何在线上创建具有情感吸引力的系统，游客可以在线记录足迹和心情（图 4.75～图 4.80）。

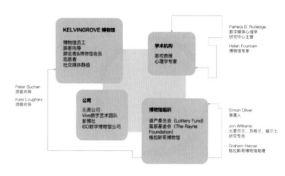

图 4.75　利益相关者图（创建博物馆的情感联系）

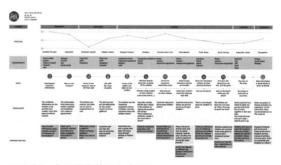

图 4.76　夫妻游客的用户旅程图

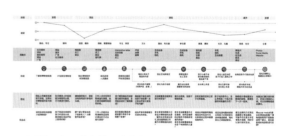

图 4.77　亲子游客的用户旅程图

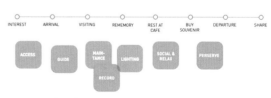

图 4.78　亲和力聚类图

在利益相关者访谈和用户旅程的归纳中构建起设计的预想解决方向，为实现这一目标，列出所有的功能并启用亲和力聚类图，这些变量是下一阶段的发展点。

图 4.79　数字化博物馆新的游览模式

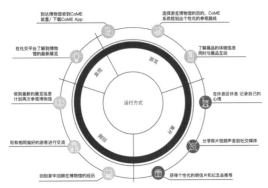

图 4.80　数字化博物馆新的用户旅程图｜学生：戴鹤融

服务设计更加关注由表及里的表现，考虑触点和企业运营模式、商业模式等是否有序展开，并加以实现，强调品牌和用户体验的交汇融合，进而围绕服务蓝图设计推动系统组织的变化。这就是从触点设计带动中后台系统组织的创新。可以确切地说，产品设计的关注点已不仅仅在产品本身，它更强调周边环境和实施流程的系统服务。它为使用者提供的不仅仅是物化的产品，更多考虑的是信息服务、界面运营、操作平台、基础设施建设等软性设计的一整套系统流程。

本章思考题

（1）谈一谈自己对产品创新设计的理解。

（2）哪因素制约了产品的设计创新？

（3）产品创新设计的方法有哪些？

（4）谈一谈仿生设计在产品创新设计中的应用。

（5）谈一谈系统设计思维在产品创新设计中的作用。

（6）结合自己的专业设计方向，谈一谈设计创新的趋势。

（7）你正在关注的创新设计是什么？

第 5 章
产品设计实践

本章要点

- 以目标为导向的产品设计实践。
- 用户需求。
- 产品改良设计。
- 文创产品设计。
- 校企协同创新。
- 时代推动下的社会设计。

本章引言

我们在进行产品设计实践活动时，既要注重产品本身的共性因子，也要注意产品在当下市场存在的差异。本章围绕产品开发设计的特征，从产品创新和产品开发的规则入手，阐述新产品战略与组织管理、新产品开发设计程序、产品创新方法、产品评估和产品市场导入等产品开发的实施规则。本章主张以设计目标为导向进行设计实践活动，通过用户需求、市场需求、企业需求的分析调研与思考，探索产品改良设计、文创产品设计、校企协同创新实践模式，关注社会设计，围绕产品设计实践课题，让学生准确理解和领悟产品设计实践的实质，以实施可横纵向扩展的设计策略；同时，引导学生通过建立科学、系统、全面的思考方式来发现问题、提出问题的思考路径，并以生态保护、高新技术的融合解决问题的方式来处理设计过程中出现的各类问题。

产品设计实践是工业设计领域中的前沿学科，也是当前工业设计体系构建的热点问题，其本质就是通过掌握当前产品设计的最新动向，推进设计实践过程中的思维创新与技术融合，进而求证复杂、多变的情形下潜能激发的延续性设计。

设计实践是对产品设计体系进行的一种思维性、文化性、实用性、社会性的概括与提纯。这一过程的实施，就是推动人们形成发现意识和创新意识，强化更具深层实践意识导向的思维推进；通过对市场动向和企业状况的全面了解和掌握，推进产品创造过程中企业规则下产品化特征的聚合；通过对企业意识与社会意识的决断，观察和判断产品存在、变化、行为等不同的研究路径。以此，提升学生思维与观念上更深层次的领悟，达到认知与分析能力的持续推进目的。在增强理论与实践相结合的学科观念中，深入地理解产品可扩展性、可持续性设计具有重要意义。

5.1 设计实践下的目标导向

数字化、信息化社会带来的高科技，使人们的情感交流方式发生了巨大转变，很多人沉迷于数字媒介平台的活动与交流，导致自身逐渐陷于情感孤立而疏远社会群体。这说明，高科技的发展已使科技成为社会的主导，所以人的情感因素往往就容易被忽略。因此，设计的发展趋向更是对与人们生活息息相关的功能性产品的超越，也就是转向人们的情绪状态与情感存在的产品实施（图5.1）。

图5.1 目标分析

在设计实践层面对实际项目进行提炼和探索，可对产品的归属进行更全面的理解。产品设计是为大多数人服务的，需要为社会公众所接受，所以产品设计人员既要了解市场，又要懂得工程知识，使设计方案在解决人群需求的前提下，更便于合理生产（图5.2）。因此，在设计实践中，一切产品设计活动都是在条条框框中受到限制，作为从事产品设计研究的我们，不要被动地接受，而是要积极地参与。这需要设计师进行大量的理性分析，打破以往逻辑的客观思维，注入更多的可能性思考，解决更多的产品实际要求，进而能动地推进产品设计的转换，完成一种具有市场导向性的视觉新形象，并让产品设计真正具有显在的设计意味及现实意义。

设计实践的设计活动范畴大体上可分为在校设计阶段和在企业设计阶段，而在这两个阶段对于学生的产品设计培养的侧重点是有所区别的（图5.3、图5.4）。

在学校进行的产品设计实践课程训练，通常以个人设计为主。产品设计教学的特殊性使其必须关注产品设计实践的应用过程，这就

设计定位
DESIGN POSITIONING

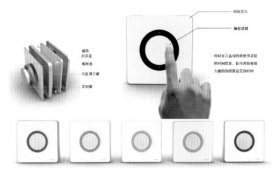

图 5.3 触摸开关 | 学生：张娜娜

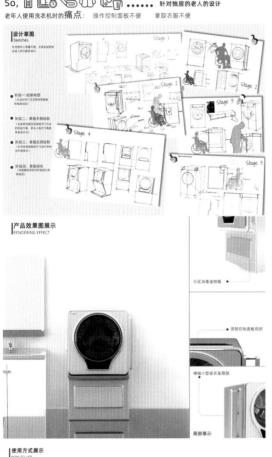

老年人从洗衣机里把衣服取出来时，往往需要弯腰伸手将衣物从洗衣机中取出，但是由于老年人年龄增大，生理出现不同程度的退化，脊椎也出现不同程度的退行性形变，在弯腰时会感到不适。

So, ... 针对独居的老人的设计
老年人使用洗衣机时的痛点：操作控制面板不便 拿取衣服不便

设计草图
Sketches

产品效果图展示
RENDERING EFFECT

使用方式展示
HOW TO USE

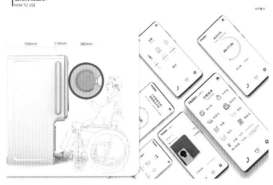

图 5.2 坐轮椅的人使用的专用洗衣机 | 学生：陈妍

要求在产品设计实践教学过程中，明确以实际产品项目进入课堂的目的，充分了解和分析该项目固有的各项数据和市场导向。在设计前期，应当注重培养学生的产品化思维，让学生能够运用其所学知识，在充分理解和辨析产品设计本质的基础上，逐步更新其原有的思维模式，建立正确的以市场为导向的评价标准，形成特有的价值认识，并在设计实践过程中充分表达自己的设计见解，进而通过特定的设计方法、手段去实现这种创造。只有这样，才能更好地完成产品设计实践工作的各项任务。

在企业中进行创新设计，大多数都以团队设计为主，所以在企业中做设计更要有团队精神。在设计前，要调研社会消费热点、消费人群，了解市场的变化行情，分析产品在流通环节中的显见和潜在的市场需求及设计先机，并要充分了解与专业相关联的生产技术、新材料、新工艺等产业背景，进而针对现实的"痛点"问题及设计诉求进行一定的判断和选择（图 5.5）。在产品设计阶段，以团队协作的形式综合各类内外影响因子，重点是加入经济因素，在设计过程中充分考虑产品生产的成本、材料、加工方式、加工流程等因素，而这些往往也是限制产品外观设计的重要因素。

图5.4　分体式空气净化器丨学生：徐雅婷
该分体式空气净化器采取分体式结构、简约外观来重塑产品品质，融入智能监测器的可视化、自主定制模式来进行空气质量
检测，并以一键连接主机与手机 app 整合管理的方式，开启当下人们所关注的智能生活。

图5.5　3㎡ 集成式卫浴产品设计丨学生：陈琪
青年公寓是为了解决青年人居住问题而存在的过渡式小型住宅。该设计是根据青年公寓卫生间中存在的弊端而提出的解决方案，
围绕人居的如厕、洗漱等日常行为打造集约特质，从功能集成化、设计简约化、智能化及提高空间利用率的角度进行集成式设计。

高校是培养和输出产品设计人才的地方；企业是接收产品设计人才的地方；高校主要是理论基础和概念设计的学习地，而企业主要是将概念设计转化为现实产品的归属地。高校和企业之间在产品创新设计与产品设计实践的呈现上还是有较大差别的，在这两种模式的转化过程中，高校学生更应该做好与企业、市场的衔接，可以通过实习或不同实践的方式来进行过渡，这也就是设计实践课程实施打造的目标之所在（图 5.6）。围绕产品

的使用体验与未来美好的生活方式，是当下人们最本质的需求，以此去寻找产品设计实践的实施路径显得尤为重要。

重新审视和定义产品设计实践研究的创意思路和设计目标，体会和验证设计研究与实体表达之间的不确定性和偶然性，可以让学生在思考与论证中，用新的创新思维与表达方式形成对实践研究的问题反馈、整理与修正，在接地气的深度研究中激发学生的潜能拓展。作为产品

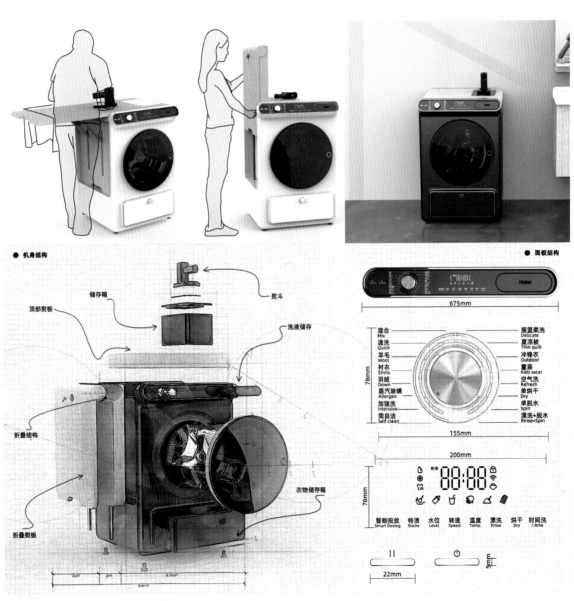

图 5.6　带熨板的洗衣机概念设计｜学生：孙佳钰

实践所关注的热点，其通常涵盖智能控制类产品、健康养生类产品、舒缓压力类产品、解决生活不便类产品、关注弱势群体类产品。

设计师应该充分发挥自己的理性分析能力与感性判断能力，要时刻拓宽视野，将聚合思维和扩散思维相结合，去审视与感知周围的环境和人群，注重使用人群的情感因素，满足他们的人性化与个性化需求，从而创造一个自我与他人"共鸣"的精神世界。只有这样设计出来的产品，才能碰撞出超越性的突变和创新（图5.7、图5.8）。

图 5.7 Quinque for Sharehouse｜设计：Kyumin Ha
在共同生活的人居环境中，共享洗衣机是可以得到尊重的一种生活模式。人们可以用手机自动进入系统设置订单，计划洗衣时间表，实时查看洗衣状况。这种"摩天轮"设计将这些空间和体验分开，通过使用滑动结构打开和关闭系统，五个洗衣篮按照设定的顺序和时间旋转和洗涤，在"摩天轮"的驱动下，利用洗衣机离心力的基本功率进行洗涤空间顺时针移动。

座面采用弧面向两侧延伸，与上下两部分连接。
上半部分由两个金属圈构成，是靠背的支架。

金属环与金属环在侧面有结构支撑固定，外部
包裹缠绕深灰色厚布面，与胡桃木搭配沉稳低调。

金属连接件将上下两个整体连接到一起，上
窄下宽的设计使得整体精简。

图 5.8　Simpie Splicing（素拼）| 设计：孙克昭
素拼以还原材质本身原有的特性为原点，看似简单中不加装饰，实则蕴藏着与生俱来的原始美感，回归质朴的本质生活。该
设计的每个部分材质特征都不尽相同，座凳以木材为结构支撑，"素面朝天"的弧形凳面与椭圆白钢金属管相互呼应，配合布
艺的缠绕使整体设计呈现出硬朗中的柔软度。

5.2　设计实践下的设计规则

在进行产品设计实践活动时，既要注意产品
本身的共性因子，也要注意产品在当下市场
存在的差异。围绕产品开发设计的特征，从
产品创新和产品开发的规则入手，对新产品
战略与组织管理、新产品开发设计程序、产
品创新方法、产品评估和产品市场导入等产
品开发的实施规则的掌握，对高校学生设计
实施路径的思考和引导显得尤为重要。

设计规则就是主观地认识及指导设计活动得以自由展开到实现目的，它是设计创造的一种高级有序的组织形式。在产品设计实施中，设计规则涉及企业目标、市场规划、设计管理、产品设计与生产、成本核算、市场销售等多个环节。当然，这些条条框框的规则并不是在阻碍学生的思维创造，而是在引导学生能够快速地搭接社会，更好地认识产品设计在企业整个商业运作中的角色，从而更好地驾驭设计（图5.9）。通过设计规则的引导，再对产品实践过程中内在与外在的关联因素进行系统分析，为学生在有机会的条件下参与企业产品开发项目的管理工作提供必要的基础知识和技术支撑。

设计规则是产品设计实践课程学习的助推剂，这对于高校学生在实践环节下综合素质的打造尤为重要。所以，不仅要提升产品外观美感，而且要完善产品功能、用户体验和产品环境的营造，而想要打造创新、实用的为人

们所青睐的产品设计，则需要围绕用户需求分析入手。随着供求关系出现逆转，以及产品更新换代的加速，用户需求发生了新的变化，导致市场竞争手段也从原来的产品竞争逐步向用户需求竞争升级，也就是产品价值与用户需求的关系发生了转变。因此，在产品设计实施的前期工作，需要进行潜在的设计需求分析来做出正确的判断。

（1）需要详细了解用户的需求。

（2）征求客户对产品设计的要求和意见，详细了解公司产品的分布情况。

（3）通过调查统计来调查和验证用户的对产品的反馈，以此来分析用户的实际需求。

（4）对比同类型产品在市场的分布情况、产品特色和存在缺点，进行针对性的分析研究。

（5）在产品设计进行中，要从用户的角度出发，在个人与用户诉求中寻找契合点，在与用户发生冲突的部分要学会取舍。

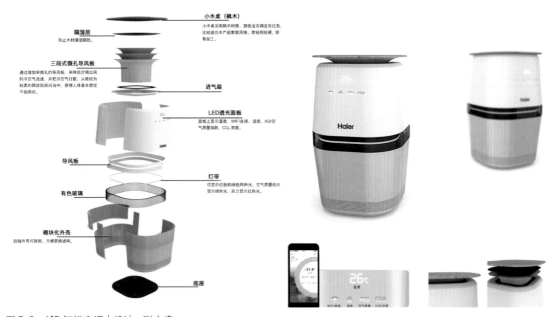

图 5.9　AIR 智能空调｜设计：张文彦

AIR 智能空调以简约风格、定制空气的产品拓展，从温、湿、净、鲜四个维度调控室内空气环境，并连接手机随时监控室内空气情况。

产品设计源自大规模工业生产之前对市场需求的预判，市场需求和产品导向则是由用户和市场共同决定的。在实施产品设计时，需要从最初的产业研究和用户需求的调查分析入手，因此，设计需求书的调研分析是设计实践和产品实施的关键之所在（图5.10～图5.12）。

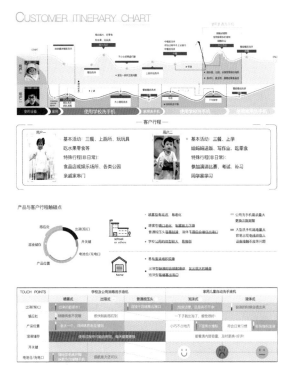

图5.10　产品设计需求框架图

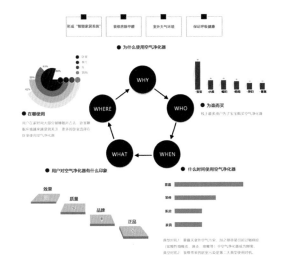

图5.11　产品设计用户需求图

图5.12　设计项目客户行程图｜学生：袁康玲
通过对相关产品的认识及价格等因素的调查，普通消费者普遍关心产品的价格、使用效果、使用寿命等问题，高端消费者则更关注产品真正的使用效果、使用品质、便利性等问题。

需求。用户显性需求能够通过分析市场调查数据直接获知，进而指导产品设计；用户潜在需求则需要设计师充分挖掘需求信息，预测用户的诉求，并运用科学系统的设计方法打造实施。进行产品设计实践课程的实施时，我们必须要思考和掌控企业在产品设计实施中需求分析的四个原则。

1. 明确需求对象
企业需要产品带来利润，而用户需要的是体验。在产品设计和生产制造过程中，设计师往往会以使用者的需求为设计的基点，任何设计的产品都要以满足用户的需求而存在。因此，要明确需求的对象，针对不同用户对象的需求，找出解决方法。

通过市场调研分析，设计师要明确产品定位和目标群体，系统分析和锁定全方位的用户需求，发现市场的显性需求和用户的潜在需求，找出产品存在的潜在方法，构建产品的过程思考。产品设计是在既定规则指导下的用户需求，而用户需求分为显性需求和潜在

2. 用户需求决定产品功能

产品最终是给用户使用的，所以需求的功能转换是根据最终用户的使用要求来确定的。产品设计是源于用户的需求，用户的一切行为也是在需求的支配下有序进行的。

3. 满足用户的价值需求

用户是多样的，价值导向也是多样的。通过合理而详细的市场调研，才能分析出现有产品的缺陷和用户的使用需求，然后从价值需求的角度在设计上满足用户的各方面需求。在这个过程中，用户的价值需求成为产品开发设计中最重要的考虑因素，企业在提升产品品质的同时，需要不断地研究用户需求，力求从用户需求的角度来迎合用户的价值取向和消费特性。因此，产品设计开发的关键就在于如何满足用户的价值需求。

4. 用户需求决定产品价值

产品的最终价值是通过用户来体现的，用户需求是一种价值、精神和情感追求的集中体现。要敏锐地挖掘和捕捉价值需求，并以此为核心点，围绕用户生活中的实际体验和使用要求来确定和实施产品的效用价值。产品只有在满足用户需求后，才能发挥出人的行为潜能。行为和需求是遵循自身的生理和心理等原理而表现出来的行动。通过深入研究用户的价值需求，能帮助我们在一定程度上有效地控制和预测用户的行为，使用户按照我们特有的社会生产和生活需求来行动。因此，成就产品价值的关键在于全面了解和洞察用户在社会生活中所产生的欲望诉求、使用要求和实用价值（图5.13～图5.15）。

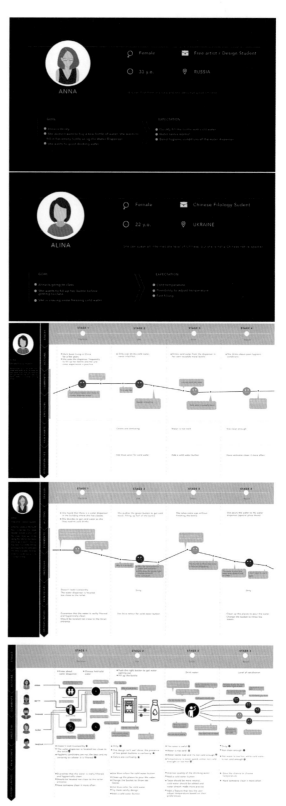

图5.13 User Journey Map

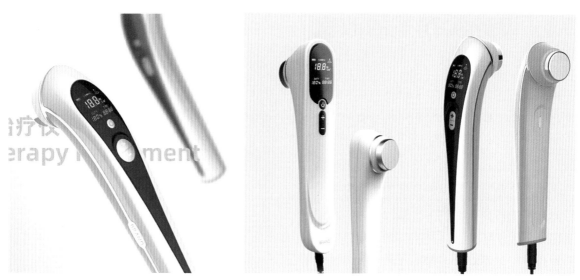

图 5.14　手持超声治疗仪设计｜学生：李子瑶、周桐
手持超声治疗仪设计实践项目以用户为中心，从感性工学的角度，研究目标人群的使用需求，分析产品设计与工程之间的关系，以提升设计体验。该设计按照企业技术参数要求尽可能地降低制造成本，减少产品使用中的误操作，改善长时间手部握持疲劳感，突出外观科技感和易清洁性。该设计实践项目历经多次设计迭代，不断地完善设计细节，以求达到艺术与技术的和谐统一。

图 5.15　集成多功能空气净化器｜设计：曹伟智、张安震
在智能家居热潮下，该设计具有照明和净化空间的双重功能，设计的初衷是能够在不同的空间中采用悬挂天花板的形式融入环境。该空气净化器的中间圆桶部作为净化装置，可将新鲜空气 360° 无死角地输送到家中每个角落。而且，增加照明功能后，将传统的地面放置方式改为棚顶悬挂，两者的自然结合形成了新的产品形式。

5.3　设计实践下的改良设计

设计是一个反复知解的过程，将所有的人造物赋予美好目的并加以实现，是真善美的体现，同时也是对特定的产品认知和逻辑推演的评判。这是对产品设计深度挖掘与繁衍迭代背景下的多种可能性的认知。作为一种或系列能为大家所关注的产品，如果随着时间的推移而不会在视线中消失，那么这种产品的生命就得到了延续。

产品的存在价值，要求设计师在当今科技瞬息万变的高度发展中寻找更多的实现可能，这就把产品改良设计提到了设计前沿。改良设计是一种针对人潜在需求的产品设计手段，是产品创新和设计实践的重要组成部分，同样也是高校学生与企业设计师需要研究的重要课题。

产品设计有很多种方式，有全新的创新设计，也有针对性的局部调整设计。这就是产品改良设计，也称沿用设计（图 5.16～图 5.18）。

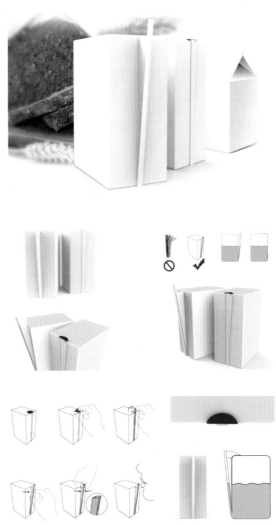

图 5.17　折纸饮料盒设计 | 设计：曹伟智、陈琪
该设计以折纸的形式将原有的盒装饮品包装进行改良设计，通过折纸吸管取代传统的塑料吸管。在制作饮料包装的过程中，吸管通过折纸的方式折叠在饮料盒上，吸管材料利用盒装饮料本体相同的纸材折制而成。同时，吸管的顶部覆盖着一块防尘贴纸，旨在固定吸管位置，防止饮料外溢，也可保持吸管的清洁。在使用时，人们只需要将防尘贴纸揭开，挤压吸管两侧使其呈管状，便可直接饮用。这样做的初衷是为了节约更多的资源，减少资源浪费，保护环境，同时让饮用者在喝饮料的同时保证身体健康。

图 5.16　加湿器设计 | 设计：白恩华
该设计延伸了普通加湿器的基本面貌，进行了干净、清爽、精巧的手提式改良设计，整体设计给人以简洁与理性的感觉，不仅具有空气净化、调节湿度的产品属性，而且"小夜灯"的功能介入诠释了设计的灵动。

产品改良设计是对原有的产品进行优化、充实和改进的再次开发设计。所以，产品改良设计就应该以考察、分析与认识现有产品的基础平台为出发原点，对产品本身存在的优缺点进行客观、全面和系统的分析判断，对

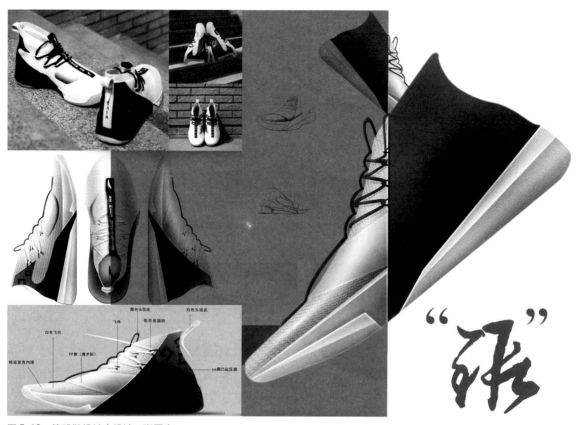

图 5.18　篮球鞋设计 | 设计：张国宁

产品过去、现在与将来的使用环境与使用条件进行区别分析。

每一件产品的形成，都与特定的时间、环境及使用者和使用方式等条件有关。产品改良设计的基本实施路径，通常是对产品的使用功能、价值因素、科技注入、人机工程学、产品形态、材料调整和产品色彩等因素做出相应的改良，来推进和完善产品的生命周期。因此，在针对产品改良时，要结合当下人们的各类标准诉求，并紧密联系市场导向，进行系统分析和全面考虑，力图从现有产品中寻找出优缺点、存在的合理与不合理因素、偶然性与必然性（图 5.19）。目前，像海尔、华为、小米这些企业，除了延续自身的品牌风格和企业文化外，还不断地寻求产品创新与产品改良的进一步融合，这样才能始终保持在行业中的优势。

产品改良的途径大致有两种：一种是产品功能、结构、品质等发生变化，从而影响产品形态，这是最常见的产品形态改良，因为产品形态是最直接和消费者交流的产品语言；另一种是产品销售到一定时间节点，逐渐失去市场竞争力，此时，如果产品使用功能没有被淘汰，在保持产品原有功能前提下对形态进行改良和创新，使之以崭新的面貌出现在消费者面前，那么将再次赢得市场竞争力（图 5.20～图 5.22）。

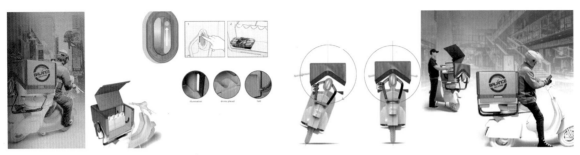

图 5.19　Self Balancing Delivery Box｜设计：高宇航

这是一款基于普通外卖箱的改良设计，设计的亮点在于自平衡支架，它保证了转弯时的平衡和载具的固定。在城市交通日益复杂的情况下，使用该产品能安稳地把外卖送到客户手中。它增加了平衡、控温、物品分类、照明等功能，其内胆保温也非常有利于外卖食品配送。

图 5.20　多功能防滑链｜设计：高萍

该设计在普通防滑链的基础上，以巧妙的思考和定位进行了使用方式与收纳方式的设计改良，使其在产品简约风格的持续中发挥更大的功能。

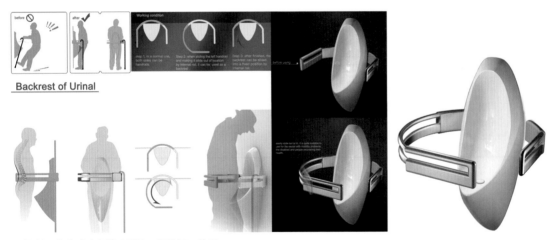

图 5.21　靠背式小便器｜设计：曹伟智、陈琪

该设计基于当下人们对生活品质的更多关注，适合行动不便的特殊群体使用。带滑动扶手的小便池巧妙地将扶手和靠背结合起来，使行动不便的特殊人群可以松开双手，方便安全地上厕所。扶手与背部结合的设计打破了普通小便器使用方式的界定，其拉伸结构简单、方便实用，更多地考虑了人对此类产品在使用、情感、外观上的突破，满足了这一特殊人群对产品品质的更多关注。

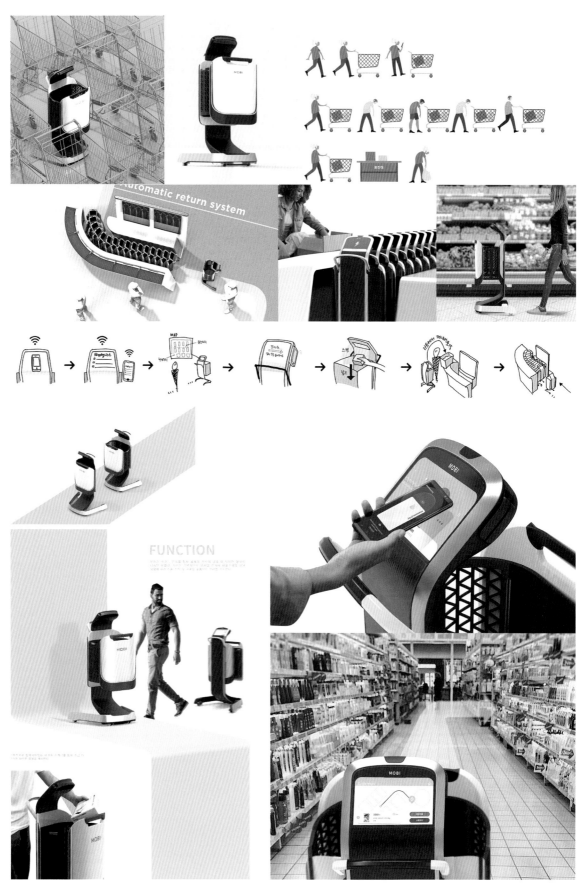

图 5.22　MOBI 智能购物车改良创新 | 设计：DINO

在现实生活中，尽管创新产品层出不穷，但改良设计的产品却占大多数，常见的手机和汽车的更新换代就属于改良设计的范畴。就汽车的演化过程来说，产品的形式和原理被一直延续下来，通过局部的不断改良，汽车企业在市场导向、成本控制的前提下，在局部分析认识的基础上进行整体的系统分析，将前一代产品所存在的缺陷进行逐一优化，并通过局部功能、局部造型等产品特质的改变，给产品带来全新的改变，从而可以获得更好的市场反馈。

之所在。设计的主导是人，设计承载了对人类的精神和心灵的慰藉，它是文化要素的综合体现，是人类追求理想化、艺术化的造物方式和生活方式的集合。

每一个地域，每一种文化，都是时间与空间的积淀。文创产品就是文化的衍生品，是采用创新技术对传统文化的提炼与加工，往往具有直接或间接的文化属性（图5.23～图5.25）。文创产品即创意来自文化设计的产品，通常是指以文化提纯、创意理念为核心，对具有文化内涵的因子进行挖掘和转换，以符合现代生活意识的形式转化为设计要素，进而创造出来的创新性产品。它以探求其使用后的精神层面满足为目标，即产品的"体验价值"的实现，是设计人的知识、智慧和灵感在特定行业的物化表现。

5.4 设计实践下的文创产品

产品是物化的文化，是一个不断变化的活体，是意识形态的演变、传播与进化中融会贯通的整合与延续，是人的认识、思想和情感不断完善的过程。产品设计也必将随着自身认识从人类本质的文化视角去探究，并以人性的本质去呈现。如果从文化背景和人性本质的角度去探寻，产品设计从过去对功能的满足进一步上升到对人的精神关怀，这是在设计中融入文化、增加产品文化附加值的根本

图5.23 电子竹简 | 设计：刘美双
这是一套根据简牍文化演化出来的电子产品（音箱＋蓝牙键盘＋移动电源），使用时像打开竹简一样，让文字离开竹简，化身成为现代的一种创作工具。

图5.24 GuardTable Lamp
该设计受白金汉宫女王卫队的启发，将传统与现代融合，适合在多种环境下摆放。

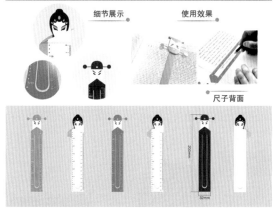

图 5.25　昆尺｜设计：程红

图 5.26　不倒翁｜设计：孙辰
该设计以清代皇宫人物为原型，每个不倒翁由头、服饰和头饰三个部分组成，中间有连接柱连接，使用时将头饰取下翻转至头顶即可。

图 5.27　新陶｜设计：李无言
该设计以高句丽民俗元素和服饰文化为切入点，摘取具有民族特征的帽子、形象色等特征点与现代瓷器进行交融，重新塑造民族特色产品。

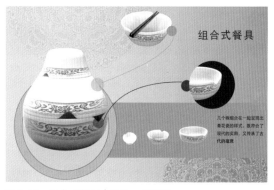

图 5.28　组合式餐具｜设计：王楚媛
青花瓷碗组合在一起的蕴意表达是对中国文化的传承，碗口凹点呈现了实用产品的特色，进而彰显出传统文化与现代工艺、审美趋向和使用需求的完美结合。

文创产品设计作为产品设计实践的有力支撑，其打造的蕴含个性化语言、民族化风格和传统文化底蕴的产品显得尤为重要（图 5.26～图 5.28）。文创产品起到了物质需求和精神需求的双关作用，是使用价值、商品价值及文化附加值的和谐统一。文创产品设计主要提取某一文化元素，运用形象模仿、纹样提炼、色彩提取和象征引用等手段对文化属性进行提炼，与生活中的产品相结合，并对其进行创意优化，以达到实用性、美观性、文化性三者的统一。这就需要我们对文创产品设计的创意采集有着清晰的掌控和理解，通过寻找文化因子与产品物象之间的关系，分析和提炼它们之间的相互联系点和相互制约点，进行比较论证，探寻以前没有发现过的空间形体。

不同地域、不同国度的文化沉淀，都已打上了人类精神意识的烙印，将原先的产品动态研发与文化创新所形成的具有独特魅力的产业品质是摆在我们面前全新的理念。结合实践产品的设计研发，并将其作为支撑要素的文化品质的构建，本质上是产业化链条的整体提升，这有赖于人们对所处环境文化理念的沉淀，把提取、归纳作为统一形象的灵魂来展现。归根结底，在具体文创产品的设计实践中，要兼顾民族性和文化性，进行综合交融、协调控制，以此来寻求突破点，挖掘具有独特个性和人情味的产品特质（图5.29、图5.30）。

文创产品是一种代表时代、文化、民族的生活方式，已然成为传播本民族文化的一种手段（图5.31～图5.33）。如今，知识经济已经成为一个时代的产物，文化与企业、经济之间的联系日益密切，文化所处的地位也越来越重要。一件让人青睐的文创产品的出现，被赋予了浓厚的文化底蕴，也就是说，它不仅是实用价值下为了满足人们某种单一需求而产生的产品，而且是满足了人们的精神、情感和心理等多方面的享受。

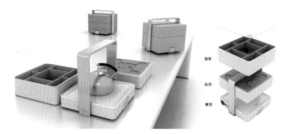

图5.29 茶韵｜设计：马笑梅
"茶韵"的设计初衷将传统形式与现代意识进行结合，设计灵感源于中国古代食盒的样式，从传统文化的追溯到现代生活品质与个性的推进，正是该作品极力营造的氛围。

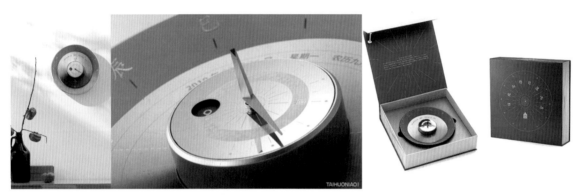

图5.30 "日出而作"日晷计时器（故宫文创）｜学生：李子瑶（参与）
该设计将日相附着于日晷之上，摘下朝阳、晴空和星夜的颜色，染作日历。"日出而作"是从康熙皇帝的智慧中采撷而来的，提醒埋头向前的我们：保持好奇心，保持对自然的关心，珍惜好时光，认真感受每一个抬头看天空的瞬间；即便是忙忙碌碌，也能从每一个平凡的日出而作中，找到生活的意趣。

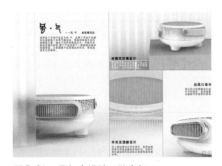

图5.31 风气｜设计：孙家钰
"风气"这两个字结合了暖风功能和隐士风骨气概，将中国园林隐逸文化的意境和元素融入风炉之中，并赋予冰裂纹样，让产品呈现出一道微缩式园林的隐逸景观。

图5.32 水墨漓江｜设计：李璟瑶
"桂林山水甲天下"，自古以来，漓江的美景就举世皆赞，咖啡杯和托盘组合以壮乡漓江风光下的人文风情为设计元素。其中，咖啡杯在外形上借鉴壮族的铜鼓，内置部分的杯底以实体形态矗立着微微凸起的迷你山峦，在婉约细腻中呈现出栩栩如生的壮乡风光。

图5.33 故宫花间月香承香托摆

5.5　协同创新下的设计实践

如今的产品设计，强调以集成创新与整合跨界下探索新技术、新服务和新设计的跨学科交叉融合，因此，对于协同创新下对接国际前沿、服务国家战略的设计目标提出了更高的要求。企业靠的不只是产能和数量，更要有技术含量和设计品质作为支撑；同样，教育界不仅需要有一流的教学资源，而且需要有前瞻的视野和实践手段同步跟进。这为产品设计实施的方式和模式提供了更多的可能性，也为产品设计师提供了现实性的思考和共鸣。

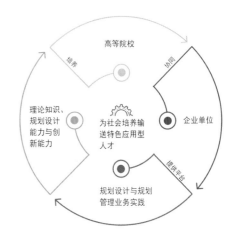

图 5.34　校企协同的基本思想框架

图 5.35　企业导师进入鲁迅美术学院课堂教学指导项目实践课题

高校和企业的需求具有很强的互补性，这有待于高校和企业的紧密结合，将双方的资源进行合理配置和共享，并借助有效的合作模式来推进（图 5.34、图 5.35）。基于这一背景，我们应着力探索适合自身优势和地域特点的设计模式和"产学研"教学途径，重新定义"校企协同创新"平台的设计与研发，建立创新与应用并重的教育特色。在世界一体化的今天，"校企协同创新"需要培养和造就我们自身的工业设计与创新体系，建立促进双方相互沟通、信息交换、知识和技术资源开发利用的有效平台，实现双方创新资源整合和共享具有重要意义。因此，如何增强

企业的工业设计研发能力，如何发挥高校教学的实用价值和研究价值，如何促进高校科研成果尽快转化为生产力，如何推出具有自主知识产权的高精尖的创新产品，已是摆在工业设计教育界面前的首要任务。

"协同创新"是围绕共同目标，以共同协作、相互补充、配合协作的创新行为，通过高校与科研院所、行业产业、地方政府进行深入的融合而构建的"产学研"协同创新的平台与模式。它是学校对接企业、对接社会的一种新型模式。作为一个同等思考、探索和沟通的平台，它刺激了多元化设计思维的互相

碰撞，进而引发新的设计思考、新的设计痛点和新的社会问题。"协同创新设计"已经成为一种有效解决产品设计问题的方式，让高校的学生有更多的机会了解实际的设计经验，同时也为企业提供了更多的设计研究方法与理论模式。这种设计模式和方法的互通，验证了教学与社会需求对接的可行性（图5.36、图5.37）。

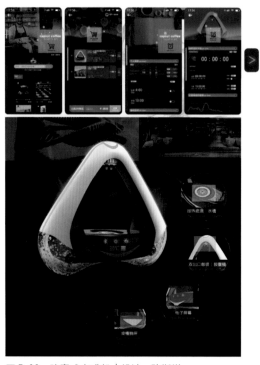

图 5.36　胶囊式咖啡机│设计：陈斯祺
这是一款胶囊式咖啡机，顶部按钮处为胶囊存放处，在开机状态下机体侧面与顶部胶囊处发出的蓝色光、底部水箱的透明材质、温度显示，这些都强化了产品的视觉冲击。同时，该设计融入手机 app 控制界面的交互功能，更加提升了操控者的参与感和亲和力。

图 5.37　车载充气泵设计│设计：陈晓旭
汽车已成为现代人生活中的必备品，该设计以车载工具为切入点，以胶囊形态为元素，以圆形为符号来满足现代设计中需要的和谐与统一，具有外观圆润的产品品质，使产品更容易为大众所接受。

企业规模和生产效率是可以通过技术引进来实现的，但企业文化和产品设计特色是无法引进的。通过院校所具备的独特设计思维及实验特点的契合，可以发挥院校与企业的集合优势，将科研、企业与市场紧密整合在一起，着力于研究未来产品设计的整体性能和集成效应，来进一步拓展"产学研"整体实力的正能量，为企业的产品开发和设计创新注入新的活力（图5.38～图5.43）。

可以说，协同创新的实践平台为企业创新与教学创新呈现出特有的实用价值和研究价值：一是让理论与实际相结合，进一步验证新观念、新方法的合理性；二是激活教学的创新点，使专业的原创能量在实践中释放出来，拉近虚拟与现实、艺术创造与生产实际的距离；三是不断总结、积累与企业共同开展产品研发的经验；四是深入了解企业在生产制造、数据控制、设计定位方面的需求，以及企业在品牌塑造方面的新理念。

图 5.38 小方壁挂洗衣机｜设计：陈江波

衣液倒入口　　洗衣粉、柔顺剂倒入口　　洗涤剂储存盒　　洗衣筒　　脏衣篮　　操作旋钮　　干衣机使用效果　　触屏操作面板

图 5.39 3+ 洗衣机｜设计：薛贺元

该设计从产品使用种类集合的视角介入，以日常衣物为媒介，将洗衣机、置物箱、脏衣篮、干衣机不同使用功能集成，并融入成熟技术，来诠释产品创新的新理念。

图 5.40 Iceland 模块化冰箱｜设计：张安震

Iceland 是一款中岛式的冷藏柜，具有 360°的弧形可视范围，采用在同一层可两个方位开关的门以区别于常见的展示柜，玻璃部分采用可互动弧形玻璃门系统，通过双层玻璃设计来实现冷藏柜温度的恒定，并实现温度控制的智能连接。它是一个开放式的平台，利用纵向空间以模块化方式进行上下层的单独分区储物，根据用户需求定制专属的模块来增减使用层数。它还可以根据温度的不同需求进行定制调节，来适应不同场景下的用户定位。

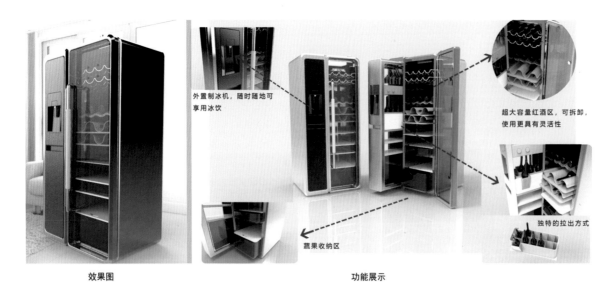

效果图 功能展示

图 5.41 冷藏柜 | 设计：颜嘉慧
红酒冷藏柜与制冰机的结合，无形中增加了冷藏柜的功能集合，尤其是抽拉式与拉门式冷藏柜的分区布局，更是对红酒冷藏柜的常态化设计提出了新的要求。

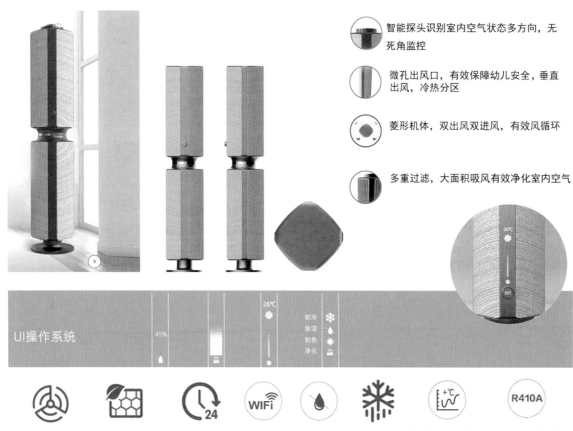

立体送风　高密度健康过滤网　24小时定时　智能物联　独立除湿　智能化霜　智能睡眠曲线　R410A新冷媒

图 5.42 立式空调 | 设计：孙毓晨
重新定义智慧家庭是当下的热门话题，该设计围绕"智能、微孔、冷热、垂直"的技术相交融，诠释了智能模式下识别送风、微孔材料柔性出风、冷热分区模式下空气循环、垂直送风模式下高效控温及打破常规的外观设计一系列新的机能。

图 5.43　公共净味门设计 | 设计：刘博峥

在实践教学中，需要运用生产技术与设计规律去整合设计目标，在理论与实践的运筹中激活教学的创新点，体验艺术与技术的造物规律，进一步验证新观念、新方法的合理性。实践证明，"产、学、研"一体化是实现加快校企间的科研交流和成果转化的最佳途径，也是"接地气"式的教学磨合和学术融合方法。

5.6 时代推动下的社会设计

设计不再简单地追求外观，而是融合了大量科技的思考。以 5G、大数据、人工智能、物联网等先进技术为媒介的信息社会体系的逐渐形成，推进了高新技术与各个设计领域之间的彼此互通。由此，社会经济、文化导向及人类的价值观等各个层面都逐渐发生了重大变化，这种格局趋向正逐步走向资源共享，使得人的心理需求得到了前所未有的满足。

人们已经不再满足于单纯的物质需求，人的需求正在重新审定并向着一种更为广泛、互动层面的方向发展。人们开始反思，设计不应该仅仅是消费主义的附庸，而应回归到人与人、人与社会之间关系互融，应是一种更高级层面的社会问题的介入，是在共同构建时代智能体系下对多重使用环境的深度思考。产品设计作为价值观的一种物质载体，也随之发生质的突变，主要节点就是从单一产品的社会向服务型产品的社会转变（图 5.44、图 5.45）。因此，社会设计开始受到关注。

社会设计（Social Design）旨在让设计能量介入社会，使社会的运行更健康和可持续。这一概念最早是由设计大师维克多·帕帕奈克在他的《为真实的世界设计》里，将社会设计作为设计的重要内涵提出的。他认为，设计师应该"为人们的需求而不是欲求去设计"，明确地提到了设计师的社会责任和设计师的设计创想来源并不局限于以往的单一对象目标，而是转向生活形态和社会意识。所以，社会设计所指向的并非某一个具体的设计领域，而是一种关注人与环境、人与社会的议题，渴望用设计创造具有社会影响力的思考和行动。

图 5.44 Biodegrapak 鸡蛋包装 | 设计：George Bosnas
传统的废弃物管理过程消耗大量能源且成本高昂，因此设计师为鸡蛋设计了一种有趣的可持续使用的包装，该包装含有纸浆、面粉及豆类种子。鸡蛋用光后，只需对盒子浇水，豆类种子 30 天便能发芽，且能利用本身的根瘤固氮，提高"土壤"肥力，实现生态化包装的理念。

图 5.45　Kaffeeform 咖啡渣回收材料
该设计将咖啡渣与天然胶水和木材颗粒结合，生产出可注塑成型的新兴液体材料，再将其制成可重复使用的产品。

社会设计为产品设计的发展提供了一种实际、主动与整合的实践方式（图 4.46、图 4.47）。社会设计是以关注社会特定人群或存在问题而进行的重新发现和再定义，用设计能量注入，结合企业提供的服务和产品，通过技术和创意的形式提供解决方案，并以新的沟通内容、产品、服务帮助找到新的商业机会和创新模式。社会设计有很多可能性，不仅仅聚焦于一类产品、一个服务、一次体验、一种商业模式，更是一种社会价值的灌输，其所强调的是以更多人群的生存利益为首要目标，以主动的方式赋予人们新的的生活空间和生活模式。

图 5.46　连锁效应环境图形
该设计试图解决目前常见的自行车停车场占用部分人行通道空间的问题，与普通的自行车停车场相比，能空出 0.4 米的人行道宽度供行人使用，大大提升了人行道的利用率，从而使行人更加安全。

社会责任一直是设计活动中需要讨论的话题，而社会设计作为一种新的设计取向，借助设计思维来创新性地解决社会问题，改善生活方式甚至推动社会革新。可以说，社会设计就是针对社会性问题，以设计思维提供创造性的解决方案。社会设计是产品设计实践最为直接的行动模式，针对影响社会可持续发展的普遍性和基础性的问题，通过改变思维观念与社会协同创新的方式，以跨学科的视角整合管理、创意、设计、技术、商业与传播等手段，为市场提供多方共赢的产品创造和社会服务，来解决社会难题。例如，红点设计大奖赛就涵盖了世界不同角落的设计力量对社会问题的关注和产品设计的服务模式，从另一个层面展示了设计推动社会进步的巨大潜能（图 5.48～图 5.51）。

图 5.47　Kangaroo Cup

Kangaroo Cup 是一名 7 岁的小女孩为其患有帕金森氏症的祖父发明的，以三只立腿使杯子更稳固，有效降低杯子翻倒的概率；杯体悬空于桌面，免去了使用杯垫或擦拭水渍的困扰；杯口向内弯曲，可阻挡液体溅出。

图 5.48　AMBI | 2020 年红点设计大奖获奖作品

大多数电脑鼠标都是为惯用右手的人设计的，即便如此，普通鼠标仍然是导致"腕管综合征"的主要原因，因为鼠标的使用角度通常存在手部人体工程学的缺失。直到 AMBI 垂直鼠标的出现，才让鼠标的使用变得更加舒适。

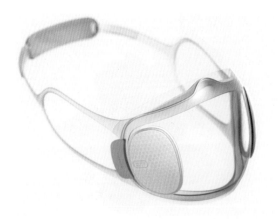

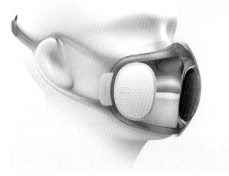

图 5.49　Amazfit Aeri | 2020 年红点设计大奖获奖作品

Amazfit Aeri 源自华米科技 N95 智能口罩项目，根据社会的需要，其设计的清晰的防雾罩和半透明的框架，使使用者脸部的主要特征都能被看到，大量的气流通过面罩两侧的可更换过滤垫进行输送，其轻巧的设计和柔软的弹性材料能带来舒适的体验。

图 5.50　CPR First Aider | 2019 年红点设计大奖获奖作品

一旦患者心脏骤停，如果不能及时对患者进行复苏，那么患者会因缺氧而对重要器官和组织造成不可逆转的损害。CPR First Aider 是提供呼吸辅助和胸部按压的自动化设备，旨在减少复苏时间并减轻医务人员的身体工作量，同时避免因心肺复苏期间技术不当或疲劳造成的复苏效果丧失和意外伤害。

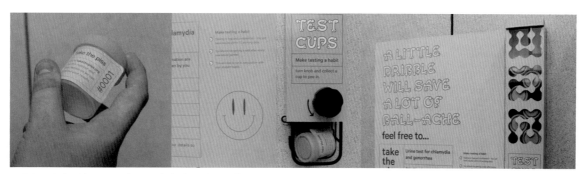

图 5.51 Take The Piss | 2020 年红点设计大奖获奖作品
在新西兰，这款以人为中心的自助检查系统设计用来鼓励年轻男性能够定期接受检查或找到有关性健康的信息，使他们保持
积极的心态。

设计在不同程度地推动着社会进步，为人们
的生活提供了很多便利和无限可能。如果从
深远的发展战略的角度来思考，把教育融入
社会设计层面，从深层次引导社会发展，逐
步建构一个能认识、能理解、能融合、能共
创、能实践的社会设计系统平台，让产品设
计良性介入社会，那么设计将以更加持久的
方式共同助推社会设计生态系统的发展。

本章思考题
（1）如何得到用户的真实需求？
（2）产品概念设计与改良设计有何异同？
（3）说一说自己所在城市的地域文化特色。
（4）想一想自己距离企业的需求还有多远。
（5）从社会设计的角度去思考问题，并尝试
提出设计概念。
（6）谈一谈你对产品设计价值理解。

第6章
课题训练与案例
分析

本章要点

■ 课题训练分析。

■ 实题训练分析。

■ 设计案例赏析。

本章引言

本章介绍的是产品设计方向下模拟课题、实战课题的训练分析，以及相关各类子课题的优秀案例。本章通过模拟课题、实战课题的设计研究，以接近实战和校企合作的教学方式，培养学生独立学习、组织工作、灵活运用知识等方面的综合能力，使其进一步强化专业化、系统化、市场化的综合能力，继而巩固和加深其产品构思、设计创新和设计实践的训练过程。本章重点培养学生在创新与实践中逐步形成实事求是、扎实严谨的科学态度和勇于探索、敢于创新的精神。

[设计案例赏析]

产品设计是一种以分析性和主观性为表达的设计方式，它是以启发设计师的创想能力所进行的开放性设计构思，以挖掘设计师的审美素养、艺术个性和创造能力的潜质。它通过不同国度、不同阅历的思维跨越，把培养创造力和思维能力作为手段，以个体的心理感知、个性表达和思想情趣的传达为目的，着重分析产品使用对象内在的精神和情感，并用创造性的方式表达出内心感受，来描述人们所共识的"心象"。

产品设计已逐渐脱离物质层面，向满足于精神层面的设计观念接近。也就是说，设计的重心已经不再是以形体为重心创造产品，而逐步转向人们精神层面的诉求，这是对人类的心理关注及从使用环境等服务视角进行的问题研究。以服务方式为导向的设计创新与设计实践反映了设计价值和社会存在的一种变迁，这种观念的变化对设计主体提出了新的要求，尽管产品设计的创造不可能有一个固定的判断标准，但这也正是当下社会产品设计多元化特征的表现。

通过培养，学生可以从设计思维和实践方法的研究视角切入产品设计，在理论和实践的搭接中，对所研究方向进行全面的认识、理解和研究，并以人为导向感知设计创新与产品实施的再认识，进而在创新能力培养下勇于去发现新鲜事物和在实践能力锻炼下推进与企业接轨的综合素养。

6.1 模拟课题训练分析

新产品的研发可以归因于市场需求与技术发展的密切配合。也就是说，产品研发要与企业、市场相结合，通过一定的技术手段创造具有市场需求与竞争力的产品。作为院校的教学模式，它可以从中寻找契机，通过前置部分课程的学习，通过模拟案例演练进行检验。通过课题的抛出，制订基本构想提案，可提出多种产品研发方案，并根据模拟课题所提出的研发要求，进行相关的专业训练和综合训练。在调查市场、提出设计构想、展开设计提案、综合分析模拟产品情况后，寻找设计突破点，形成决议定案。该设计过程依据产品设计的程序与方法来实施，这是从构思到具体化不断完善的过程，进而清晰明确地对其进行验证与评估，以此检验教学成果并总结经验。

模拟案例：浴室镜面除雾器（图6.1）

课题命题： 浴室镜面除雾器设计。

问题提出： 为了解决普通镜子产生的雾水问题，设计一款卫生间浴室镜面除雾器。

设计背景： 每次在浴室洗澡的时候，就会发现镜子上总是有一层雾水。镜子上的雾水是室内空气中的水蒸气遇到温度较低的镜面液化而成的。相信大家都有这样的烦恼，一直以来，浴室中镜子的防雾问题一直是广大家庭最为诟病的问题之一。浴室中镜子有雾，不仅会影响使用，而且会造成镜子的脏污。那么，浴室中普通的镜子该如何防雾?

产品构成： 本产品由除雾器外壳、微型电动机、刷架、刷面四个部分组成；除雾器安装于镜面上方；电动机安装于除雾器壳内；由槽型塑料制作，是经冲压成型的楔形，以方便固定刷架，刷架长度和刷面长度相等。

设计亮点： 本产品提供了一种电动浴室镜面除雾器，与现有的镜面除雾装置产品的不同之处在于，仅通过手触动控制按钮即可实现浴室镜面除雾的效果，因不需要长期通电可节约电能 90%，且结构简单、操作方便、造价低、体积小、耗电少、安装方便、产品卫生，可广泛应用于公共浴室和家庭卫生间等地方。

使用方式: 刷架轴上端穿过除雾装置外壳与刷架相连,依靠手动按钮操作电动机转动使刷架动作,从而带动刷面与镜面接触进行镜面除雾。

浴室镜面除雾器设计
Bathroom mist brush design

Raise a question

提出问题

identied user specific needs
based on user behavior

Every time you take a bath in the bathroom, you will find that there is always a layer of fog on the mirror. The fog on the mirror is caused by the liquid vapor in the indoor air when it meets the mirror with a lower temperature. Believe every body has such trouble, since all the time, the anti - mist problem of the mirror son in the bathroom is broad familyall the time one of the problems that most malign. The mirror in the bathroom has mist, affect actual medium use not only, it is the smudgy that caused a mirror more. How can a bathroom mirror be fog-proof?

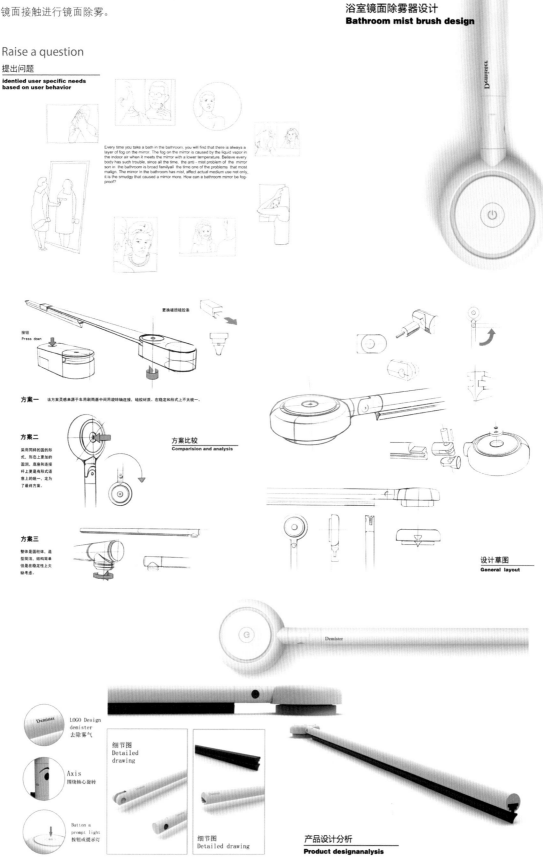

按钮
Press down

更换橡胶硅胶条

方案一 该方案灵感来源于车用刷雨器中间用旋转轴连接,硅胶材质,在稳定和形式上不太统一。

方案二 采用同样的圆的形式,形态上更加的圆润,底座和连接杆上更是有形式语意上的统一,定为了最终方案。

方案比较
Comparision and analysis

方案三 整体是圆柱体,造型简洁,结构简单但是在稳定性上欠缺考虑。

设计草图
General layout

LOGO Design
demister
去除雾气

Axis
图绕轴心旋转

Button a
prompt light
按钮或提示灯

细节图
Detailed drawing

细节图
Detailed drawing

产品设计分析
Product designanalysis

图6.1是浴室镜面除雾器搭接到整容镜上，产品使用方式和场景使用的图解。通过调查和试验佐证，可以清晰地显示该产品能够得到最大限度的利用，非常符合人们照镜子的习惯。同时，没有被擦到的地方也不用担心，镜子产生雾气是因为冷热空气相遇，一段时间之后，四个角落的雾气也会逐步消失。

实验结论
Experiment conclusion

白色圈内是镜子上的雾气范围
同时按钮的高度也在人们所能接受的范围之内。

90°

产品使用方式
mirror arrangement

▶ 卫生间浴室镜面电动除雾器
方便人们在镜子起雾后对镜子的使用。

▲ Perspective view　　▲ Front view　　▲ Back view

头颈肩照的地方会缺失　　照的地方比较合理　　按钮过高　　头颈肩照的地方会缺失

HOW TO USE

当你洗完澡发现镜子上全都是雾气，等好久雾气才会散开，用其他工具擦拭会把镜子擦得越来越糟糕。

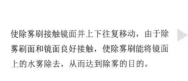

使除雾刷接触镜面并上下往复移动，由于除雾刷面和镜面良好接触，使除雾刷能将镜面上的水雾除去，从而达到除雾的目的。

场景使用
Scenario usage giagram

▶ 使用时，操作人员按下按钮开关，装于装置外壳内的微型电动机便通电开始旋转，除雾刷上下往复移动次数的多少由微型电动机通电时间的长短决定，微型电动机通电时间的长短由操作人员决定。

图6.1　浴室镜面除雾器设计｜设计：刘双美

模拟案例：小型代步车（图6.2）

课题命题： 小型代步车设计。

问题提出： 围绕折叠结构及功能拓展的研究，设计一款小型代步车。

设计要求： 通过丰富的想象力和造型能力，透过产品与人之间的关系界面，认真做好市场调研和远期规划，要清晰地考虑设计创意与产品结构的协调与匹配，探询产品更多的可能性，以多元思维与功能拓展的能动性，把握产品外观的可视性，以达到潜在的设计前瞻。

设计背景： 突破普通代步工具的固有模式，在限定的条件中寻找更多的可能性和可行性。通过市场调研与综合分析，对命题形式、功能、结构、人机进行重点分析，要有一个理性的判断。同时，对课题的目的性、系统性要有正确的理解和把握，要有启发性的思维方式，锁定和寻找其独特的设计创意，继而建立新的设计原点，提取这类产品的风格与特征，推进设计概念的精准提出。

设计关键： 本产品设计要强化车体结构的合理与创新，着重思考车体使用结构的调节、伸缩和折叠便捷性与连续性；在推进功能拓展的同时，针对使用人群，设计构思要符合其生理特点与心理因素，达到真正意义上的人机互动，以此解决行进中的安全性、稳定性和舒适性。

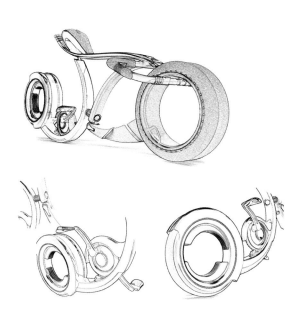

"π"小型代步车突破了普通代步工具的固定模式，在设计的过程中大胆地运用了曲线线条，从而形成了电动车的流线形态，极具流动感。它凭借灵动的原创性为依托，以希腊字母"π"为创意点，其简练的造型、清晰的结构、巧妙的穿插、合理的归纳、纯净的色彩诠释了自行车产品的机构性研究。在设计中，弧曲线条的运用，折叠方式的归纳，车架、车座、车把三位一体的结构，前轮的锁制功能

的穿插，强化了该设计机构性的创新。

车把还能作为车锁使用，在使用时，打开前车架的扣手，把车轮折叠上去，拉开车把，使用密码锁锁住。脚蹬处连接的轴承采用的是无链条结构，形式更加简洁。同时，精细的色彩感悟，整体使用黑白色，局部采用亮绿色，使产品使起来更加灵动，富有活力，于沉稳之中不失清新的浮华。

车体折叠

该设计课题可使学生在研究与思考的过程中，从使用需求出发，针对小型代步工具的功能特点寻找设计原点，而不是一味地从形式寻找答案。其目的是让学生尝试在生活中发现问题、解决问题，拉近与市场、企业衔接的实战距离。学生在校学习期间，通常以感官的因素占据主导，很少与企业研发相结合，这是教学中的一大憾事，而模拟案例的实施正是弥补这一问题的有效方法。它模拟企业要求—设计构思—产品生产—市场因素等诸多环节，给学生提供了一个很好的实践机会。

图 6.2　"π"小型代步车设计｜设计：毛鸣遥

6.2 实题训练

实题设计介于企业的策略与组织的技术性之间，其系统、严谨的研发模式与实战为我们提供了很好的设计平台，特别是其针对工业设计的专业特点，就是在这种系统研究中结合专业领域衍生而来。本次训练围绕企业委托的实题项目，通过其提供的可行性报告与技术要求，在分析与论证后接受了该研发项目，进而组织实题设计研究，并确立系统精准的分工。

在研发中，"质量改变世界""一切源于创新"的设计观念已深入产品设计的探求中。通过设计发想与追溯，验证市场及技术要求的架构，强化学生在调查研究、采集资料、理论分析、制订计划、实践方案、实际评估等相关方面结合市场和企业动态寻找设计突破点，进行设计拓展。通过"真题真做"，深入解析产品创新与企业研发的设计过程，可以达到组织、协调、合作下的"产、学、研、用"能力的推进效果。以院校独特的思维导向，立足于产品美学、人机界面、功能性与安全性，透过理性的研究与分析，使产品研发有了明确的发展步骤，并由此产生共识。这是产品设计所一贯遵循的思维导向，是有计划的归纳程序，也是合作企业所极力推崇的。

实践案例：VR 赛车游戏模拟器（图6.3）

项目名称： VR 赛车游戏模拟器。

设计背景： VR 赛车游戏模拟器是游戏产业的战略新思路和发展新方向，能为游戏用户带来真实的沉浸感，从而使其得到更好的用户体验。

项目来源： 该设计项目是与国内知名虚拟现实一体化运营商联合研发的实践课题。这是近百家合作商的共同选择，它们都是行业领军品牌，在该领域具有较强的实力和丰富的经验。

设计目标： 项目研发以高新技术为支撑点，对传承、凝炼、创新过程有实质提升，发挥企业与院校的集合优势，推进"产、教、研"系统化模式的生成。通过打造 VR 产业下的创新与优化，围绕产品外观设计中视觉品质、人机互动的创新寻求突破即"创新点"，来推动 VR 产品下的高附加值、高情感化、高智能化的共享与匹配，以此进行具有积极效益和人文效益可持续性的一体化、系统化模式的双向性研究。

项目特色： 运用技术与艺术规律整合设计目标，诠释了全新的设计构思与设计方案，为业态提供标志性的设计风范。

设计关键： 一是从人机角度出发，解决好游戏用户和模拟器之间的比例适配度；二是形态设计的独特性，赛车游戏模拟器和外观设计既要保持外观的符号关联性，又要根据其结构的不同特点而做出针对性的设计。

项目研究通过变换以设计的通用性为主导的设计研究方法和手段，围绕 VR 产品系统模式的研发，来映射 VR 技术下高端产品所涵盖的功能种类、材料匹配、产品创新等具体的系统设计策略和分析路径，实现了对 VR 产品族的细分，挖掘出全新的具有创新和突破性设计的系统研究。

VR 赛车游戏模拟器这一实践命题在推进人类社会发展的过程中发挥了关键性的作用，其临境性、交互性、想象性、实时性的逼真度和沉浸感正在闯入当下人们的视线，这是对创新理念下与人群互通这一行为的综合优化。

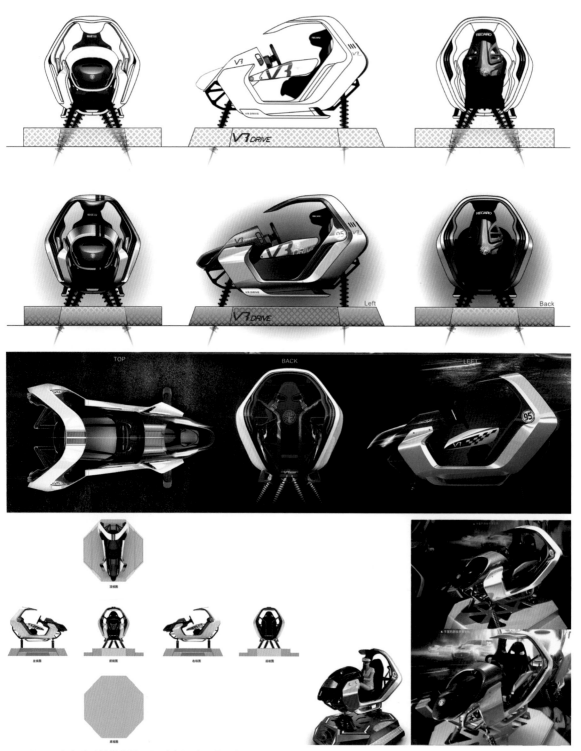

图 6.3　VR 赛车游戏模拟器外观设计｜设计：陈江波

结 语

设计是个性的抒发，也是理性的回归。产品设计是将人的某种目的或需求转换的求证过程，是把计划设定、规划设想和问题解决的方法途径。这是在理论与实践相结合的学科观念中，通过实质而具体的操作触及人类潜能的探究，并以理想的方式表达出来的设计过程。

本书通过产品规律、思维聚合、概念提升、观念创新、实践分析的系统整合，以全新视角将学习内容进行融会贯通并融入各个章节，根据观察和判断产品存在、变化、行为等不同的研究路径，着重强调教学研究与实践过程的调查、分析、评估和验证，并以科学的态度、敏锐的思维和有效的方法，帮助学生建立完整的知识结构和专业架构。产品设计的过程是人类追求理想化、艺术化的造物方式的集合，它强调学生综合能力的培养，而不是一味地追求最终的结果。正是出于这样一种思考，我们在从事设计教学和科研实践中感触颇多，以此积极探索和营造设计教学观念、教学体系，并加入大量的理性分析，打破以往逻辑的客观思维，注入更多的思考，探究学习与实践中发现问题、分析问题、解决问题的研究路径；进而，在理论支撑、创意搭接、实践引领等环节逐渐展开、细化、深化教学过程的启迪，以此探询设计创意与实践价值的方向，用来拓展学生的思维，使其对观念的领悟达到更深层度、持续推进认知与分析能力。

本书在编写过程中，承蒙北京大学出版社给予支持与指导，同时得到了鲁迅美术学院工业设计学院师生的大力支持，在此一并表示诚挚的谢意！

参考文献

杜海滨，2010. 工业设计教程（第1卷）：基础设计篇 [M]. 沈阳：辽宁美术出版社.

杜海滨，2010. 工业设计教程（第2卷）：造型设计篇 [M]. 沈阳：辽宁美术出版社.

杜海滨，2010. 工业设计教程（第3卷）：创作设计篇 [M]. 沈阳：辽宁美术出版社.

高瞩，2018. 工业产品形态创新设计与评价方法 [M]. 北京：清华大学出版社.

李彬彬，2012. 设计心理学 [M].2版. 北京：中国轻工业出版社.

李奋强，2017. 产品系统设计 [M].2版. 北京：中国水利水电出版社.

王昀，刘征，卫巍，2014. 产品系统设计 [M]. 北京：中国建筑工业出版社.

吴江，徐秋莹，柳丽娟，2017. 产品创新设计 [M]. 北京：清华大学出版社.

尹虎，刘静华，2015. 产品概念设计 [M]. 北京：中国铁道出版社.